职业教育行业规划教材

职业教育改革创新教材

化工分析

干洪珍◎主编

律国辉◎主审

化学工业出版社

北京

本书是根据《上海市中等职业学校化学工艺专业教学标准》中"化工质量检测"课程标准所规定的内容编写的。本书以职业能力的形成为依据组织课程内容，以工作任务为中心来整合相应的知识、技能和态度，实现了理论与实践的统一。全书共分九个项目，着重介绍了滴定分析、比色及分光光度分析、电位分析、气相色谱分析和物性测试的方法、仪器的构造和使用方法以及应用技术。书中编有能拓宽学生知识面的延伸与拓展，及激发学生求知欲的阅读材料——知识窗；每个任务前列出了任务目标，每个项目都设有题型多样且具有启发性的思考题、讨论与交流及用于复习与巩固的练一练，以帮助读者掌握知识要点和技能要点。书末附录为读者提供了相关资料。

本书可作为职业院校化工类专业及相关专业的教材，也可作为化工工人和初级分析工的业余教学用书及从事化工生产、分析人员的参考书。

图书在版编目（CIP）数据

化工分析/干洪珍主编．—北京：化学工业出版社，2010.7（2018.7重印）

职业教育行业规划教材

ISBN 978-7-122-08738-6

Ⅰ. 化⋯　Ⅱ. 干⋯　Ⅲ. 化学工业-分析方法-职业教育-教材　Ⅳ. TQ014

中国版本图书馆 CIP 数据核字（2010）第 101898 号

责任编辑：旷英姿　　　　　　　　文字编辑：陈　雨
责任校对：王素芹　　　　　　　　装帧设计：尹琳琳

出版发行：化学工业出版社（北京市东城区青年湖南街 13 号　邮政编码 100011）
印　　刷：北京京华铭诚工贸有限公司
装　　订：三河市瞰发装订厂
787mm×1092mm　1/16　印张 9¾　字数 240 千字　2018 年 7 月北京第 1 版第 5 次印刷

购书咨询：010-64518888(传真：010-64519686)　　售后服务：010-64518899
网　　址：http://www.cip.com.cn

凡购买本书，如有缺损质量问题，本社销售中心负责调换。

定　　价：20.00 元　　　　　　　　　　　　　　　　　　　　　　　版权所有　违者必究

前言

本书是以《上海市中等职业学校化学工艺专业教学标准》中"化工质量检测"课程标准为依据，以"任务引领，理论实践一体"的课程设计思路为原则，根据化工生产的实际和中职学生的特点，结合教学实际编写而成。

本书总体设计思路是以"化学工艺"专业相关工作任务和职业能力为依据，以工作任务为主线来整合相应的知识、技能。本书按学生的认知特点，将要求掌握的教学内容，设计成若干个项目，每个项目由若干个任务组成，将理论知识融于实践一体，使学生在完成项目任务的过程中掌握知识技能。

在教材框架的安排上，从项目的确立到具体任务的设计，都是根据工作任务的需要和学生的认知特点，采用了由浅入深，环环相扣的方法来构建内容。本书编写力求做到反映中职教育特点，突出实践教学的主体地位，用工作任务引领理论，不再强调理论知识的系统性，真正体现了理论知识以"必需、够用、实用"为度，有利于学生动手操作能力和创新能力的培养，同时能够使中职院校学生毕业前通过职业技能考核，取得当地职业技术鉴定中心颁发的化工生产运行员初、中级工证书。

在内容的选择上，充分考虑中职学生的特点，每一项目及任务设计都从日常生活和化工生产导入，引导学生发现生活中的分析检测知识，从而激发学生的学习愿望；在教材编写的形式上力求做到体例新颖、图文并茂，通俗易懂，使学生愿意看、愿意学，学、思结合，从而激发学生的学习兴趣和对知识的理解，培养学生分析问题、解决问题的能力。

本书体现"化工分析"教学特点，面向社会需要，适应学生状况，侧重"操作"，淡化理论，培养技术能手。其中打"＊"部分为选学内容。本书内容简明扼要，实用性强，可作为中等职业学校化工专业的教材，也可作为从事分析检验工作人员的操作技能培训教材和参考书。

全书由绪论和九个项目组成，由上海石化工业学校干洪珍主编。绪论、项目六～项目八由干洪珍编写；项目一、项目三由上海石化工业学校杨玲莉及高文杰编写；项目二由杨玲莉编写；项目四由上海石化工业学校胡耀华及干洪珍编写；项目五由杨玲莉编写；项目九由淄博市工业学校刘爱武和干洪珍编写。全书由干洪珍统稿，新疆化学工业学校律国辉担任了本书的主审。

本书在编写过程中得到了上海石化工业学校苏勇校长、李平清副校长、高炬副校长、栾承伟主任、沈晨阳科长，新疆化学工业学校律国辉校长，化学工业出版社的关心和支持，上海石化工业学校章红老师为本书编写提供了许多宝贵的意见和建议，在此谨向所有关心和支持本书的朋友致以衷心的感谢。

由于编者水平有限，时间仓促，书中不当之处在所难免，恳请专家和读者批评指正。

编者

2010 年 6 月

目录

绪 论

一、化工分析的任务与作用 …… 1
二、化工分析方法 …… 3
三、化工分析的一般程序 …… 3
四、分析前的准备 …… 3
知识窗 现代分析化学一瞥 …… 5
项目小结 …… 6
练一练 …… 6

项目一 醋酸含量测定

任务一 学会使用分析天平 …… 8
  知识窗 秤的历史 …… 13
任务二 规范书写实验报告 …… 13
  一、规范记录原始数据 …… 14
  二、掌握有效数字运算规则 …… 14
任务三 学会使用滴定管 …… 15
任务四 制备氢氧化钠标准滴定
      溶液 …… 21
任务五 测定醋酸的含量 …… 23
  知识窗 醋的妙用 …… 26
项目小结 …… 27
练一练 …… 27

项目二 碳酸钠含量测定

任务一 制备盐酸标准滴定溶液 …… 30
任务二 测定碳酸钠含量 …… 32
任务三 了解提高分析结果准确度
      的方法 …… 34
知识窗 绿色洗涤——无磷
      洗衣粉 …… 35
项目小结 …… 35
练一练 …… 35

项目三 水中 Ca^{2+}、Mg^{2+} 含量测定

任务一 制备 EDTA 标准滴定溶液 …… 38
任务二 测定水中 Ca^{2+}、Mg^{2+}
      含量 …… 43
知识窗 软水与硬水 …… 45
项目小结 …… 45
练一练 …… 46

项目四　过氧化氢含量测定

任务一　制备高锰酸钾标准滴定溶液 … 48
　知识窗　高锰酸钾消毒作用 …… 51
任务二　测定过氧化氢含量 ……… 51
　知识窗　双氧水的美容功能 …… 53
延伸与拓展　其他氧化还原滴
　　　　　　定法简介 ………… 54
　知识窗　最早的氧化还原滴定法 …… 55
项目小结 …………………………… 55
练一练 ……………………………… 56

项目五　水中 Cl⁻ 含量测定

任务一　制备硝酸银标准滴定溶液 …… 58
任务二　测定水中 Cl⁻ 含量 ……… 60
　知识窗　银离子消毒 …………… 62
项目小结 …………………………… 62
练一练 ……………………………… 63

项目六　直接电位法测定溶液 pH

任务一　选择和处理电极 ………… 64
　知识窗　酶电极 ………………… 67
任务二　测定水 pH ……………… 67
　知识窗　人体 pH 与健康 ……… 71
项目小结 …………………………… 71
练一练 ……………………………… 71

项目七　比色及分光光度法测定水中铁含量

任务一　学会使用分光光度计 …… 73
延伸与拓展　UV-7504C 型紫外-可见
　　　　　　分光光度计 ………… 76
　知识窗　光谱仪的发明者本生和
　　　　　基尔霍夫 ……………… 77
任务二　选择测量波长 …………… 78
任务三　分光光度法测定水中
　　　　微量铁含量 ……………… 80
　知识窗　铁与人体健康 ………… 84
任务四　目视比色法测定水中微量铁
　　　　的含量 …………………… 84
　知识窗　水污染的危害 ………… 86
项目小结 …………………………… 87
练一练 ……………………………… 87

项目八　气相色谱法测定苯系物的含量

任务一　学会使用气相色谱仪 …… 91
延伸与拓展　气相色谱仪一般故障
　　　　　　和排除方法 ………… 97
　知识窗　微型气相色谱仪 ……… 98
任务二　气相色谱归一化法测定苯系
　　　　混合物含量 ……………… 99

延伸与拓展　气相色谱定性分析
　　　　方法……………………… 103
　任务三　内标法测定甲苯含量……… 104
　　知识窗　苯及苯系物的危害……… 106

　　延伸与拓展　外标法测定水中乙醇
　　　　的含量…………………… 107
　项目小结…………………………… 109
　练一练……………………………… 110

项目九　化工物料的物性测试

任务一　测定化工物料的熔点……… 112
　练一练……………………………… 117
任务二　测定液态物料的密度……… 118
　知识窗　BHDM 型电子式液体
　　　　密度计…………………… 122
　练一练……………………………… 122
任务三　黏度法测定高聚物的
　　　　分子量…………………… 123

　练一练……………………………… 127
任务四　测定油品闪点……………… 127
　练一练……………………………… 133
任务五　测定乙醇折射率…………… 133
　知识窗　改进型阿贝折射仪
　　　　2WAJ …………………… 138
项目小结……………………………… 138
练一练………………………………… 139

附　录

附录一　市售酸碱试剂的含量及密度……………………………………………………… 140
附录二　弱酸、弱碱在水中的离解平衡常数 K …………………………………………… 140
附录三　常见金属离子与 EDTA 所形成配合物的 $\lg K_{稳}$（298K）……………………… 141
附录四　EDTA 在不同 pH 下的 $\lg \alpha_{Y(H)}$ ………………………………………………… 141
附录五　常用指示剂………………………………………………………………………… 141
附录六　pH 标准缓冲溶液在不同温度下的 pH ………………………………………… 143
附录七　常用缓冲溶液的配制……………………………………………………………… 143
附录八　一些氧化还原电对的标准电位 $\varphi^{\ominus}$（298K）…………………………………… 144
附录九　不同标准溶液浓度的温度补正值（以 mL·L^{-1} 计）…………………………… 144
附录十　常用化合物的相对分子质量……………………………………………………… 145
附录十一　元素的相对原子质量…………………………………………………………… 148

参考文献

绪　论

看一看

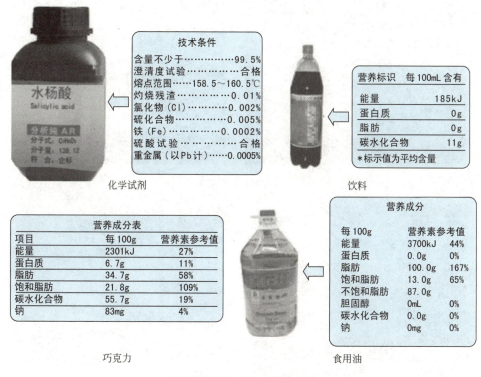

化学试剂及生活中常见的食物

想一想　这些物品中的各成分含量是怎么知道的？从这些图片中我们想到什么？

一、化工分析的任务与作用

化工分析是用分析化学的基本原理和方法，解决化工生产实际问题的一门学科。分析化学是研究物质组成、含量及有关理论的一门学科，根据分析任务的不同可分为定性分析和定量分析。定性分析的任务是鉴定物质由哪些组分组成；定量分析的任务是测定物质中各组分的相对含量。分析化学日益渗透到社会生活的各个方面，人类的衣、食、住、行以及资源和能源的开发利用、材料的研究、环境保护、医药卫生（药物研究、疾病防治、揭示生命起源、研究疾病和遗传的奥秘等）、工农业生产、国防建设等都与分析化学有密切的联系，它

化工分析

是一门社会广泛需要的实用学科。

在化工生产中各种物料的组成是已知的,因此化工分析的任务就是利用各种分析方法,对试样成分进行测定,确定待测组分的含量(定量分析)。

工业生产中作为质量管理手段的产品质量检验和工艺流程控制离不开分析化学,所以化工分析被称为工、农业生产的"眼睛",科学研究的"参谋"。

 看一看

化学分析实验室

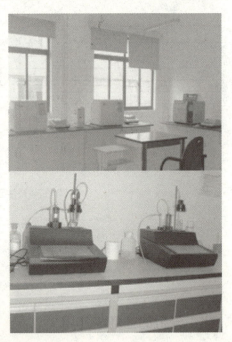

仪器分析实验室

化工分析各功能实验室

 看了这些图片后有何感想?

二、化工分析方法

化工分析的方法很多,按测定原理和所用的仪器不同可分为:

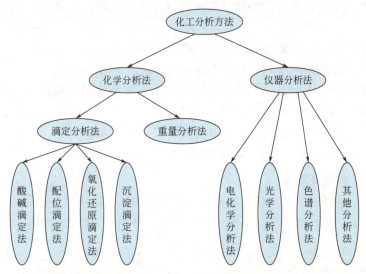

化学分析法是以被测物质与某些试剂发生化学反应为基础的分析方法。

仪器分析法是以待测物质的物理性质或物理化学性质为基础的分析方法。仪器分析法与化学分析法相比具有快速、灵敏等特点,特别是对于低含量组分的测定,更具有独特之处。但是仪器分析对常量组分的测定没有化学分析那样高的准确度。

三、化工分析的一般程序

讨论与交流　说说你在日常生活中见到的应用分析检测的事例。

四、分析前的准备

化工分析的任务就是测定样品中有关组分的含量,在分析测定之前,首先要进行仪器的洗涤和样品的采集与处理等准备工作。

(一)洗涤玻璃仪器

在定量分析实验中,使用的玻璃仪器必须洗净,否则会影响分析结果的准确度和精密度。

洗涤常规玻璃仪器,一般先用自来水洗,若洗不干净,可用毛刷蘸取合成洗涤剂刷洗,若还有污物,则根据污物的性质选用适当的洗液洗涤或浸泡(常用铬酸洗液),再用自来水冲洗3~5次,最后用纯水(蒸馏水)淋洗3次。

化工分析

注意：比色皿通常用盐酸-乙醇浸洗，除去有色物质的沾污。必要时可用硝酸浸洗，但要避免用铬酸洗液等氧化性洗液浸泡。

洗涤玻璃仪器的一般原则如下：

① 容量器皿（如滴定管、容量瓶、移液管等）和比色管、比色皿等光学玻璃仪器不可用去污粉刷洗。

② 使用铬酸洗液时，不能用毛刷刷洗，以防损坏刷子。

③ 用碱性洗液浸泡玻璃仪器时，不宜放置过久，以免腐蚀玻璃。

④ 用纯水洗涤时，应遵循"少量多次"的原则。即每次用少量水，分多次冲洗，每次冲洗应充分振荡后，倾倒干净，再进行下一次冲洗。

⑤ 洗净的玻璃仪器内壁不能用手、布或纸擦拭，以免重新沾污。

玻璃仪器洗净的标志是，用水润湿后倒置时仪器内壁均匀形成一层水膜而不挂水珠。

（二）样品的采集与处理

样品（试样）是指用于进行分析测定以便提供代表该总体特征量值的少量物质，可以是固体、液体或气体。从整批产品中抽取一定量有代表性样品的操作称为采样。

采样的原则

工业物料的数量往往以千吨、万吨计，检测时所取的分析试样只需几克、几毫克甚至更少，而分析结果必须能代表全部物料的平均组成，所以采样必须遵循以下原则：

① 采集的样品要均匀、有代表性，要反映全部被检物料的组成、质量等；

② 采样过程中要保持原有的理化指标，防止成分逸散或带入杂质。

采样的一般程序

采样的数量及要求

对样品的基本要求是：保证采得的样品能代表总体物料的所有特性，在满足需要的前提下，采取样品量越少越好。

① 凡接触样品的工具、容器等必须洁净；

② 样品包装应严密；

③ 采集的样品量应至少满足三次重复检测的需要；

④ 样品的运送和分析应尽快进行；

⑤ 样品应贴上标签，注明样品的名称、批号、采样地点、日期、采样人、样品编号等。

1. 液体样品的采集

对于酸碱、石油产品、有机溶剂等液体物料一般比较均匀，任意采集一部分或搅拌均匀后取一部分样品就具有代表性。从大型储存容器中取样，可在不同的深度取几个子样，混合以后作为分析试样；自管道中正在输送的液体中采样，可通过装在管道上的取样阀，根据分析目的按有关规程每隔一定时间打开取样阀采取样品。

应注意：采取样品前采样容器必须洗净，还要用少量欲采试样润洗三次以上，以防采样容器沾污样品。

2. 固体样品的采集与处理

对于固体试样，尤其是块状固体，采取具有代表性的均匀样品是一项非常复杂的操作，以采集煤样为例来说明。

（1）采取大量煤"粗样"　即在输送带的各个部位、各个时间，采取一定数量的子样混合在一起。

（2）对"粗样"进行处理　对采得的"粗样"进行粉碎、过筛、混合，再粉碎、过筛、混合多次重复操作，将样品充分混合。

（3）缩分　用四分法（如图 0-1 所示）得待测试样。

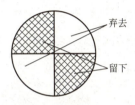

图 0-1　四分法缩分试样

（4）将处理好的样品装入样品瓶中　注意样品的装入量不能超过瓶容积的 3/4。瓶外贴上标签，注明样品名称、来源、采样日期。

（5）试样的溶解　定量分析多数方法都是需要将试样制成溶液采用湿法分析。溶解试样可以用水、酸、碱或有机溶剂，对于不溶于水、酸、碱、有机溶剂的试样，可以采取熔融法，使待测组分转变为可溶于水或酸的化合物。

溶解试样时应注意：

① 在溶解过程中试样不能有任何损失；

② 不能引入待测组分和干扰物质；

③ 试样溶解必须完全；

④ 分解试样要与分离干扰物质相结合。

 在制备样品时将大块矿样锤碎，用很细的分样筛筛出一部分拿来分析，这样做对不对？

知识窗

现代分析化学一瞥

分析化学是一门化学信息科学，它主要是向人们提供关于物质系统的化学成分与结构方面的定性与定量信息，以及研究获取这些信息的最优方案和策略。目前，分析化学已渗透到一切涉及化学现象的边缘科学；不只限于测定物质的组成和含量，还能提供关于物质的状态、价态、稳定性及表面结构等更多的信息；而且能做到不破坏样品进行直接分析。

化工分析

分析化学的应用越来越广泛。例如，汽车司机酒后开车，不知造成了多少交通事故。利用酒精气敏检测器就可以准确无误地判断一个司机是否饮过酒，汽车司机若酒后开车，哪怕是两三个小时以后，也躲不过这种检测仪。警察只要把检测仪的探头往司机的嘴边一放，检测仪就会"嘟—"、"嘟—"……地报警。现在，这种检测仪在世界上已普遍使用。

再如，水是人类生存的命脉，寻找地下水，光靠人的眼睛是无能为力的。采用遥感卫星或遥感飞机则很容易辨别地下是否有水。因为水分子具有很强的吸热和放热特性，即使在地底下，也能通过传导和辐射来影响地表土壤和岩石的温度。地下水量多，地表温度就高，只要某地块的地表温度比周围高0.5℃，就会被遥感卫星或遥感飞机上的传感器接收到。我国云南、新疆、内蒙古等地一些地下水库就是用这种方法找到的。

项目小结

化工分析的任务和作用
化工分析的方法分类
- 化学分析法
- 仪器分析法

化工分析的一般程序
分析前的准备
- 玻璃仪器的洗涤
- 样品的采集与制备
  ◆ 固体样品的采集与制备
  ◆ 液体样品采集

练一练

一、填空题

1. 从总体中取出具有代表性试样的操作称为_____。
2. 固体样品的制备一般包括破碎、筛分、_____和_____四个步骤。
3. 采样必须遵循的原则是_____，而且要具有一定的数量。

二、判断题（对的打"√"，错的打"×"）

1. 采样的基本原则是使采得的样品具有充分的代表性。（　）
2. 所谓随机采样，就是不需要遵循任何规律，随便取些样品即可。（　）
3. 采集有毒样品时，必须两人同行，以防万一。（　）
4. 采集样品时，样品量越大越好。（　）

5. 气体试样取样前必须用水多次置换取样器。（ ）

三、选择题

1. 用手工方法粉碎固体化工样品，不可以选择的工具是（ ）。
   A. 研磨机械   B. 研钵   C. 锤子   D. 木棒槌
2. 化工样品的单元界限是（ ）。
   A. 有形的   B. 无形的
   C. 有形或无形的   D. 不能用有形无形论断
3. 采集的样品量，应至少能满足（ ）次重复检验的需求。
   A. 2   B. 3   C. 4   D. 5
4. 采集石油化工样品时，如果有风，应该（ ）。
   A. 站在上风口采样 B. 站在下风口采样 C. 不采样   D. 随意站稳后采样
5. 保存化工样品的样品标签，无须标注的内容是（ ）。
   A. 样品名称   B. 样品编号   C. 样品批号   D. 样品性能
6. 如果需要知道大桶装液体化工样品的表面情况，应该（ ）。
   A. 采全液位样品后取表面部分样品
   B. 采部位样品混合均匀后取表面部分样品
   C. 滚动或搅拌均匀取混合样后取表面部分样品
   D. 取表面样品
7. 手工方法缩分固体化工样品，常用的方法有（ ）。
   A. 四等分法和交替法   B. 四等分法和交替铲法
   C. 八等分法和交替法   D. 八等分法和交替铲法
8. 手工方法混合固体化工样品，选择工具的依据是（ ）。
   A. 样品性质   B. 样品种类   C. 样品量大小   D. 混合的目的

项目一 醋酸含量测定

学习导向

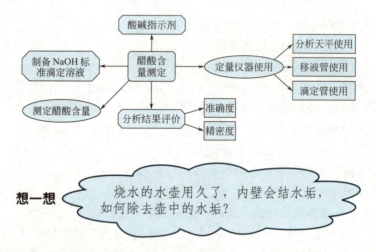

想一想：烧水的水壶用久了,内壁会结水垢,如何除去壶中的水垢?

厨房中常用的调味品食醋中约含醋酸5%～6%。在日常生活中,醋酸稀溶液常被用作除垢剂；食品工业中,醋酸是规定的一种酸度调节剂；在工业生产中,醋酸是用于制造醋酸纤维素（照相底片、人造丝）、药物（如阿司匹林）等多种化工产品的原料。一般用酸碱滴定法,以氢氧化钠标准滴定溶液测定醋酸的含量。

酸碱滴定法是以酸、碱之间质子传递反应为基础的一种滴定分析法。可用于测定酸、碱和反应后能定量生成酸碱的物质。其基本反应为：

$$H^+ + OH^- \longrightarrow H_2O$$

滴定分析法是将已知准确浓度的标准滴定溶液通过滴定管滴加到待测试样溶液中,与待测组分发生定量反应,根据消耗标准滴定溶液的体积和浓度计算出待测组分的含量。

任务一 学会使用分析天平

任务目标

1. 了解电光分析天平的结构及原理；
2. 掌握分析天平的称量方法；
3. 会用多种方法称取物品的质量；
4. 能正确记录测量数据。

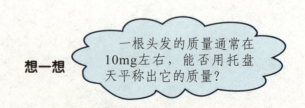

想一想：一根头发的质量通常在10mg左右,能否用托盘天平称出它的质量?

项目一 醋酸含量测定

在分析工作中，很多情况下要对物质的质量进行精确的测量。分析天平是定量分析中最主要、最常用的衡量质量的仪器之一。

活动一 认识分析天平

根据天平的平衡原理，分析天平可分为杠杆式天平（电光天平）、弹力式天平、电磁力式天平（电子天平）和液体静力平衡式天平四大类。分析实验室最常用的是机械式等臂电光天平（如图1-1所示）和电子天平。

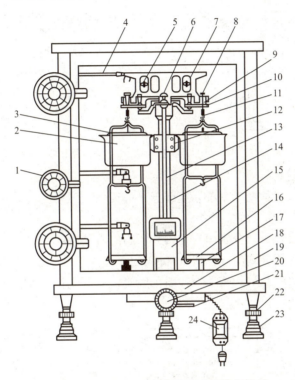

图1-1　TG—328A型全机械加码电光分析天平

1—指数盘；2—阻尼器外筒；3—阻尼器内筒；4—加码杠；5—平衡调节螺丝；6—中刀；7—横梁；8—吊耳；9—边刀盒；10—托翼；11—挂钩；12—阻尼架；13—指针；14—立柱；15—投影屏座；16—天平盘；17—托盘；18—底座；19—框罩；20—开关旋钮；21—调屏拉杆；22—调水平旋转脚；23—脚垫；24—变压器

一、认识电光分析天平

等臂双盘天平称量原理如图1-2所示。

各种型号的等臂天平构造大同小异，现以TG-328A型全机械加码电光分析天平为例来说明。

1. 横梁

横梁（图1-3）是天平的核心部件，包括以下几方面。

(1) 支点刀　位于横梁的正中，刀口向下。

(2) 承重刀　位于横梁的两端，刀口向上。

(3) 平衡螺丝　用来调节平衡位置（即粗调零点）。

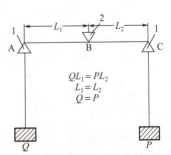

图1-2　等臂双盘天平的称量原理

1—承重刀；2—支点刀

(4) 指针　用于指示横梁平衡位置。

(5) 重心铊　用于调节天平的灵敏度和稳定性。

2. 支持系统

(1) 立柱　支撑横梁。

(2) 托翼　保护刀口，承上启下。

(3) 阻尼筒　能使天平横梁较快达到平衡。

(4) 吊耳　钩阻尼内筒和秤盘（如图1-4所示）。

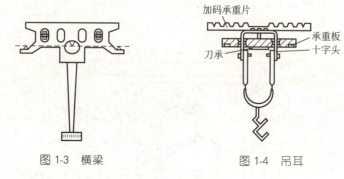

图1-3　横梁　　　　　　图1-4　吊耳

(5) 秤盘　左码右物。

(6) 升降旋钮　天平的制动系统，起落天平横梁。

3. 机械加码装置

(1) 指数盘　共有三个，分别印有挂码和环码的质量值。

(2) 砝码　全部砝码分3组，挂码（10g以上组、1～9g组）和环码（10～990mg组），分别装在3个机械加码转盘的挂钩上。如图1-5所示为环码指数盘和环码。

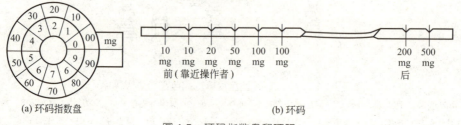

图1-5　环码指数盘和环码

4. 辅助设备

(1) 框罩　有前、右两个门。用于防尘、防潮、防气流、防碰撞。

(2) 螺旋脚　前二后一共三只。前面两只用以调节天平的水平位置。

(3) 水准仪　指示天平的水平位置。

(4) 光学读数系统　放大并显示缩微标尺上的读数值。

(5) 调屏拉杆　细调天平的零点。

二、认识电子天平

电子天平（如图1-6所示）称量的依据是电磁力平衡原理。其特点是性能稳定，灵敏度高，称量时全量程不用砝码，称量速度快，操作方便。

图1-6　电子天平

项目一　醋酸含量测定

操作步骤

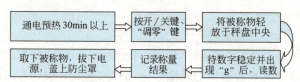

在称取样品的质量时，根据不同的称量对象，选用合适的称量方法。常用的称量方法有直接称量法、差减法、固定质量称量法。在分析检测中用得最多的是差减法。

活动二　准备仪器和试剂

仪器准备

TG—328A 型全机械加码电光天平、托盘天平、称量瓶、锥形瓶、电子天平。称量瓶的使用方法见图 1-7。

(a) 拿取称量瓶　　　　(b) 倾样

图 1-7　称量瓶的使用方法

物品、试剂准备

铜片、Na_2CO_3 或其他固体试剂。

活动三　直接法称取物品的质量

直接称量法适用于称量洁净干燥的器皿、棒状或块状的金属等。

操作指南

操作步骤

1. 准备工作

（1）用托盘天平粗称被称物。

（2）取下天平罩，折叠整齐置于天平后方或侧后方。

（3）检查调节天平水平。

（4）检查各部件是否正常。

11

化工分析

(5) 清扫秤盘。

(6) 调"0"点：平衡螺丝——粗调，调屏拉杆——细调。

2. 称量操作

(1) 将被称物置于天平右盘中央。

(2) 根据粗称值转动指数盘加挂码、环码：由大到小，中间截取。

(3) 半开天平判断砝码和被称物的轻重：标尺移向重盘，指针指向轻盘。

(4) 适当增、减砝码至两边平衡。

(5) 读数并记录数据。

(6) 天平复原，检查天平零点。

(7) 整理后归位，填写好天平使用记录。

记录测定数据

物 品	铜 片		
	1	2	3
质量/g			

注意事项

1. 严禁在天平处于工作状态下取放物体和砝码。
2. 开、关天平时动作要轻、缓。
3. 读数时框罩的两个门均应关闭。
4. 不得用手直接取放被称物。

活动四　差减法称取样品质量

差减法适用于较易吸湿、氧化、挥发的颗粒状、粉状或液态试样。具体方法是取适量待称样品置于一洁净干燥的容器（称量瓶或滴瓶）中，在天平上准确称量，转移出欲称样品于接收器中，再次准确称量，两次称量读数之差，即为所称取样品的质量。

操作步骤

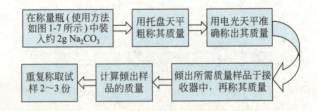

记录与处理测定数据

接收器编号	1	2	3	4
敲样前称量瓶＋样品质量/g				
敲样后称量瓶＋样品质量/g				
样品质量/g				

注意事项

1. 夹取称量瓶时,纸条应在称量瓶的中部,不得碰称量瓶口。
2. 倾样时,称量瓶盖应在接收容器口上方打开,称量瓶不能碰接收容器口,倾样结束后盖上瓶盖方可离开接收容器。

讨论与交流

1. 在称量过程中加减砝码、取放物品时,为什么应先将天平关闭?
2. 差减法称取样品时天平零点未调至0,对称量结果是否有影响?
3. 减量法称量过程中能否重新调零点?

知识窗

秤的历史

世界上最原始的秤是古埃及人的发明。早在7000多年以前,古埃及人就使用一种悬挂式的双盘秤来称麦子。

在中国春秋中晚期,楚国已经用小型的衡器——木衡、铜环权,来称黄金货币。战国时的铜衡杆,不同于天平也不同于后来的秤杆,但与不等臂天平类似。经过逐步演化成为了现代仍在使用的杆秤。

杆秤由游牧部落传入了西方,被命名为罗马秤。罗马秤两臂不等,称物端的秤臂较短,且长度固定不变。在称量重物时,移动秤杆另一端的秤锤,直到秤杆达到水平状态,用这种秤可以称量比秤锤重得多的物体。

1670年,法国著名的数学家、物理学家和机械设计师吉尔·佩尔索纳·德·洛百瓦尔(Gilles Personne de Roberval,1602~1675)发明了等臂双盘案秤(又名磅秤),秤盘装在秤梁两端,下面装有刚性导杆,可在秤座上相应的导孔内上下移动,这样当秤梁绕轴摆动时,在导杆作用下,秤盘可做上下移动,但其水平状态保持不变。直到现在,洛百瓦尔案秤仍然是世界上使用最为普遍的商业秤。

任务二 规范书写实验报告

任务目标

1. 了解有效数字的概念;
2. 掌握有效数字的修约规则和运算规则;
3. 能规范书写实验报告。

想一想

化工分析

定量分析的任务是准确测定试样中有关组分的含量。为了得到准确的分析结果，不仅要精确地进行各种测量，还要正确地记录和处理实验数据。

一、规范记录原始数据

① 应使用专门的记录本，要用钢笔、圆珠笔或水笔记录实验数据。
② 应及时、准确、实事求是地记录实验数据。
③ 记录测量数据时，其数字的准确度应与分析仪器的准确度相一致。
④ 正确、规范修改实验数据，用一横线划去要改动的数据，并在其上或下方写出正确的数字。
⑤ 实验记录上要写明日期、实验名称、测定次数、实验数据及检验人。

实验结束后，要及时地按要求完成实验报告，实验报告的主要内容包括：
① 实验名称、编号、实验日期、室温；
② 实验目的；
③ 实验原理；
④ 试剂及仪器，包括特殊仪器的型号及标准溶液的浓度；
⑤ 实验步骤，按操作的先后顺序简要描述，可用箭头流程法表示；
⑥ 实验数据及处理，涉及的实验数据应使用法定计量单位；
⑦ 实验误差分析，分析误差产生的原因，实验中应注意的问题及改进措施。

二、掌握有效数字运算规则

定量分析要经过多个测量环节，读取大量实验数据，再经过运算后才能获得分析结果。记录、计算实验数据必须符合有效数字及其运算规则。

有效数字是指在分析工作中实际能够测量得到的数字。在有效数字中，只有最后一位数字是可疑的（有±1的误差），数据的位数不仅表示数字的大小，也反映了测量的准确程度。

（1）有效数字位数确定

测量数据	0.0123	0.4890	1.0264	4500	pH＝6.86	98.12％	25.00
有效数字	3	4	5	不定	2	4	4

（2）有效数字修约规则　在数据处理过程中，在计算分析结果之前应将其修约到合理的有效数字后，再计算。数字修约可归纳如下："四舍六入五成双，五后非零就进一，五后皆零视奇偶，五前为偶应舍去，五前为奇则进一"。

实验数据	5.4371	5.4723	5.4539	5.450	5.350
修约成两位	5.4	5.5	5.5	5.4	5.4

（3）有效数字运算规则　在进行结果运算时，应遵循下列规则。

① 加减运算　几个数据相加减时，其和或差的有效数字位数的保留应以小数点后位数最少的数据为准。例如：

$$0.0121+25.64+1.05782=26.71$$

② 乘除运算　几个数据相乘或相除时，其积或商的有效数字位数的保留应以各数据中有效数字位数最少的数为准。例如：

$$0.0214\times4.263\times81.65=7.45$$

在计算有效数字位数时，若第一位有效数字≥8，则其有效数字位数可以多算一位。如8.96mL是三位有效数字，在运算中可以作为四位有效数字看待。

（4）对分析结果表示的要求　对于用质量分数表示组分含量、分析结果的精密度和准确度时，一般保留小数点后两位。

讨论与交流

1. 根据有效数字的运算规则，算式：213.6＋4.4501＋0.3244的计算结果应保留几位有效数字？
2. 某同学在记录实验数据时，不小心记错了，能否用修正液涂改后再记录上去？

任务三　学会使用滴定管

任务目标

1. 会选择和使用滴定管；
2. 学会判断滴定终点（甲基橙和酚酞）；
3. 了解酸碱指示剂。

想一想：在实验室里量取液体的玻璃仪器有哪些？其中哪些可以准确量取溶液体积？

滴定分析需要用滴定管准确测量所滴加溶液的体积。常见滴定管分为酸式滴定管〔如图1-8(a) 所示〕、碱式滴定管〔如图1-8(b) 所示〕和自动定零位滴定管〔如图1-9所示〕，常用的是50mL、25mL的常量滴定管。

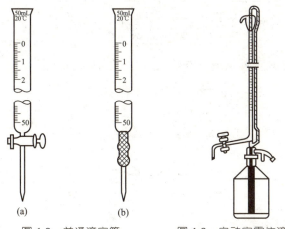

图1-8　普通滴定管　　图1-9　自动定零位滴定管

为什么酸式滴定管不宜装碱性溶液？

酸式滴定管用来装酸性、中性及氧化性溶液；碱式滴定管用来装碱性及无氧化性溶液，聚四氟乙烯旋塞滴定管则酸、碱及氧化性溶液均可盛装。有些需要避光的溶液，则采用棕色滴定管。

活动一　使用滴定管

操作步骤

1. 洗涤滴定管

无明显油污的滴定管，一般用合成洗涤剂浸泡，若有油污，则根据污垢性质选用合适的洗液洗涤。

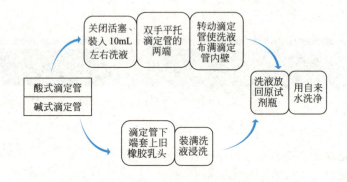

注意事项

1. 酸式滴定管的活塞不能任意更换。
2. 碱式滴定管检查乳胶管是否完好，玻璃珠是否合适。
3. 若滴定管油污严重，可将洗液充满整根滴定管浸泡一段时间。

2. 检漏

方法如下：

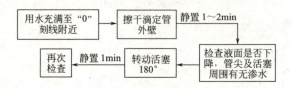

如有漏水或活塞转动不灵活，必须涂凡士林（或真空油脂），方法如图1-10所示。

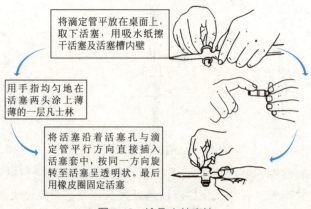

图1-10　涂凡士林方法

碱式滴定管若漏水,则更换乳胶管或玻璃珠。
检漏合格后的滴定管再用蒸馏水洗涤 3 次。

注意事项
1. 凡士林用量要适当。
2. 活塞孔或出口尖嘴被凡士林堵塞时,将滴定管充满水后打开活塞,用洗耳球在滴定管上部挤压、鼓气,即可排除。
3. 聚四氟乙烯塞的滴定管不需涂凡士林。

3. 装入标准滴定溶液

 为何要润洗和赶气泡?

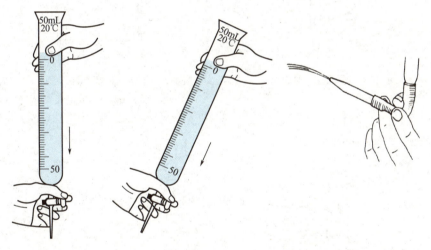

图 1-11 排除气泡

4. 调零点

将溶液装至零刻度线以上 5mm 左右,慢慢打开活塞使液面缓慢下降,直至弯月面下缘恰好与零刻度线相切,滴定前再复核零点。读数方法如图 1-12 所示。

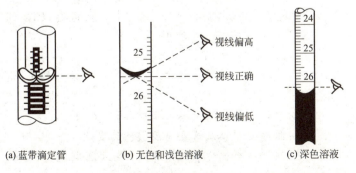

图 1-12 滴定管的读数方法

> **注意事项**
> 1. 标准滴定溶液装入前应摇匀。
> 2. 装入标准滴定溶液时应直接从试剂瓶倒入。
> 3. 注入溶液或放出溶液后应等1~2min再读数。
> 4. 读数前,滴定管管尖应无悬挂水珠。
> 5. 读数时滴定管必须保持垂直。

5. 滴定方法

滴定时两手操作姿势如图1-13～图1-15所示。锥形瓶瓶底离滴定台高约2~3cm,滴定管下端伸入瓶口内约1cm,边滴边摇动。

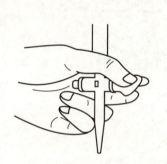

图1-13 酸式滴定管操作

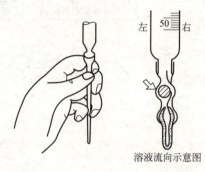

图1-14 碱式滴定管操作

图1-15 滴定姿势

滴定速度:一开始,"见滴成线",每秒3~4滴左右;接近终点时,应改为一滴一滴加入,最后是半滴半滴地滴入,直至达到滴定终点。

> **注意事项**
> 1. 操作酸式滴定管时手心不能顶着活塞,也不能离开活塞任溶液自流。
> 2. 滴定过程中避免锥形瓶口与管尖碰撞。
> 3. 眼睛要观察滴落点周围颜色的变化。
> 4. 操作碱式滴定管时应朝内侧或外侧挤捏玻璃珠中上部胶管。

活动二　滴定操作及终点判断

仪器

酸式滴定管（50mL）、碱式滴定管（50mL）、锥形瓶。

试剂

0.1 mol·L⁻¹ HCl 溶液、0.1mol·L⁻¹ NaOH 溶液、1g·L⁻¹甲基橙指示液、2g·L⁻¹酚酞指示液。

操作指南

取出待滴定溶液 → 加指示剂 → 滴定至终点 → 读数

操作步骤

1. 以甲基橙为指示剂

（1）从滴定管中放出 20~25mL NaOH。

（2）加 1 滴甲基橙指示液。

（3）用 HCl 溶液滴定至溶液由黄色变为橙色。

（4）记录读数，平行测定三次。

2. 以酚酞为指示剂

（1）从滴定管中放出 20~25mL HCl。

（2）加 1 滴酚酞指示液。

（3）用 NaOH 溶液滴定至溶液由无色变为微红色，30s 不褪色。

（4）记录读数，平行测定三次。

指示剂的用量对终点观察是否有影响？

滴定管的初读数为什么每次调至0.00mL？

滴定前、终点后管尖悬挂有液滴应如何处理？

数据记录

项目	甲基橙指示液			酚酞指示液		
	1	2	3	1	2	3
NaOH 溶液终点读数/mL						
NaOH 溶液初始读数/mL						
消耗 NaOH 溶液体积 $V(NaOH)$/mL						
HCl 溶液终点读数/mL						
HCl 溶液初始读数/mL						
消耗 HCl 溶液体积 $V(HCl)$/mL						
$K=V(HCl)/V(NaOH)$						
$\overline{K}$						

化工分析

了解酸碱指示剂

由于酸碱中和反应时溶液 pH 的变化本身没有现象，若要准确判断中和反应恰好进行完全，需要用一种辅助试剂（指示剂）来指示反应的终点。

酸碱指示剂是在某一特定 pH 区间，随介质酸度条件的改变颜色明显变化的物质。常用的酸碱指示剂一般是一些有机弱酸或弱碱，例如酚酞是一种有机弱酸，它在溶液中的电离平衡如下：

 实验中为什么用酚酞、甲基橙指示滴定终点？

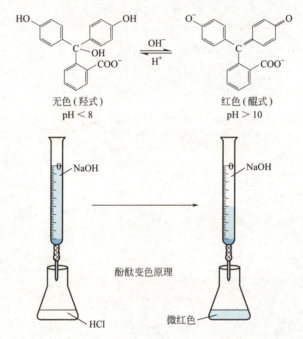

指示剂从一种颜色完全转变为另外一种颜色的 pH 范围，称为指示剂的变色范围，不同的指示剂都有其特定的变色范围。常用酸碱指示剂的变色范围、浓度以及用量见附录五。

滴定过程中溶液 pH 变化情况如图 1-16 所示。从图中曲线上可以发现，在化学计量点附近有很明显的 pH 突跃，我们把化学计量点前后 ±0.1% 相对误差范围内的 pH 的变化称为 pH 突跃范围，它是选择指示剂的依据。

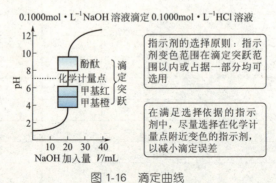

图 1-16　滴定曲线

酸碱指示剂的种类较多，但在某些酸碱滴定中，使用单一指示剂确定终点无法达到所需要的准确度，这时可采用混合指示剂。混合指示剂是利用颜色之间的互补作用，使变色范围变窄，从而使终点时颜色变化敏锐。

讨论与交流

1. 滴定前为何要赶气泡？
2. 注入溶液或放出溶液后，为什么必须等 1~2min 后再读数？
3. 实验中的 K 值理论上应该是相同的，实际却不尽相同，为什么？

任务四　制备氢氧化钠标准滴定溶液

任务目标

1. 了解氢氧化钠标准滴定溶液的标定原理；
2. 会配制和标定氢氧化钠标准滴定溶液；
3. 熟练滴定操作和正确判断滴定终点；
4. 能正确记录与处理实验数据。

想一想：什么叫标准滴定溶液？如何配制NaOH标准滴定溶液？

NaOH 标准滴定溶液用间接法配制，以邻苯二甲酸氢钾基准物标定，酚酞作为指示剂，溶液由无色变为粉红色即为终点。标定反应式为：

活动一　准备仪器和试剂

仪器准备

分析天平、滴定管（50mL）、称量瓶、烧杯、试剂瓶、锥形瓶、量筒、托盘天平。

试剂准备

NaOH（A.R.）、邻苯二甲酸氢钾（KHP）（基准物质）、酚酞指示液（$\rho = 10g \cdot L^{-1}$ 酒精溶液）。

活动二　配制 $0.1mol \cdot L^{-1}$ NaOH 标准滴定溶液

为什么用间接法？

活动三　标定 NaOH 标准滴定溶液

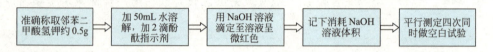

数据的记录

项目	1	2	3	4
倾样前称量瓶＋KHP 质量/g				
倾样后称量瓶＋KHP 质量/g				
KHP 质量 m/g				
NaOH 溶液终点读数/mL				
NaOH 溶液初始读数/mL				
消耗 NaOH 溶液体积/mL				
温度校正值 V(温度校正)/mL				
滴定管校正值 V(滴定管校正)/mL				
实际消耗 NaOH 溶液体积 V/mL				
空白试验消耗 NaOH 溶液体积 V_0/mL				
$c(\text{NaOH})$/mol·L^{-1}				
$\bar{c}(\text{NaOH})$/mol·L^{-1}				
相对平均偏差				

活动四　计算测定结果

1. 计算待标定氢氧化钠标准滴定溶液的浓度

$$c(\text{NaOH}) = \frac{m}{(V-V_0) \times 10^{-3} \times M(\text{KHP})} \tag{1-1}$$

式中　$c(\text{NaOH})$——氢氧化钠标准滴定溶液浓度，mol·L^{-1}；

　　　m——邻苯二甲酸氢钾的质量，g；

　　　V——实际消耗 NaOH 溶液的体积，mL；

　　　V_0——空白试验消耗 NaOH 溶液的体积，mL；

　　　$M(\text{KHP})$——邻苯二甲酸氢钾的摩尔质量，g·mol^{-1}。

2. 结果评价

（1）精密度　在分析测定中，常采用相对极差或相对平均偏差来表示精密度。

精密度是指在相同条件下对同一试样进行多次平行测定，其测定结果之间相接近的程度。精密度常用偏差表示。偏差越小，测定结果精密度越高。

$$\text{绝对偏差}(d_i) = x_i - \bar{x} \tag{1-2}$$

$$\text{平均偏差}(\bar{d}) = \frac{|d_1|+|d_2|+\cdots+|d_n|}{n} = \frac{|x_1-\bar{x}|+|x_2-\bar{x}|+\cdots+|x_n-\bar{x}|}{n} \tag{1-3}$$

$$相对平均偏差(R\bar{d}) = \frac{\overline{d_i}}{\bar{x}} \times 100\% \tag{1-4}$$

$$极差(R) = 最大值(x_{\max}) - 最小值(x_{\min}) \tag{1-5}$$

$$相对极差 = \frac{R}{\bar{x}} \times 100\% \tag{1-6}$$

 精密度高是否说明准确度也高？如何衡量测定结果的准确度？

（2）准确度　准确度是指测得值与真实值之间相接近的程度。在分析测定中用误差表示分析结果的准确度，误差越小，测定结果的准确度越高。误差有绝对误差和相对误差两种表示方法，一般用相对误差表示测定结果的准确度更为确切。

$$绝对误差 = 测得值 - 真实值 \tag{1-7}$$

$$相对误差 = \frac{绝对误差}{真实值} \times 100\% \tag{1-8}$$

准确度与精密度关系见图 1-17。

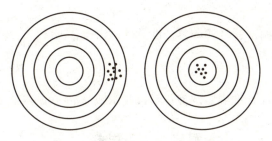

图 1-17　准确度与精密度关系示意图

注意事项

1. 若皮肤受到 NaOH 的伤害，应立即用水冲洗，然后用 2% 醋酸或硼酸溶液冲洗伤处。
2. 实验所用的必须是无 CO_2 的蒸馏水。
3. 终点微红色保持 30s 不褪色。

讨论与交流

1. 称取基准物时所用的锥形瓶，其内壁是否必须干燥？为什么？
2. 溶解基准物所用水的体积是否需要精确？为什么？
3. 为什么一段时间后终点的微红色会变淡或褪去？

任务五　测定醋酸的含量

 任务目标

1. 了解醋酸含量的测定原理；

2. 会使用移液管；
3. 能正确判断滴定终点；
4. 能用酸碱滴定法测定醋酸的含量；
5. 能正确计算测定结果。

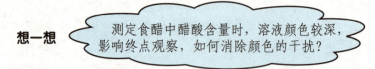

想一想：测定食醋中醋酸含量时，溶液颜色较深，影响终点观察，如何消除颜色的干扰？

醋酸是弱酸，用氢氧化钠标准滴定溶液滴定，化学计量点时溶液的 pH 值约为 8.7，酚酞为指示剂，溶液由无色变为微红色，30s 不褪色即为终点。测定反应式为：

$$CH_3COOH + NaOH \longrightarrow CH_3COONa + H_2O$$

活动一　准备仪器和试剂

仪器准备

移液管（25mL）、滴定管（50mL）、锥形瓶、烧杯、量筒。

试剂准备

$0.1mol \cdot L^{-1}$ NaOH 标准滴定溶液、酚酞指示液（$\rho = 10g \cdot L^{-1}$ 酒精溶液）。

活动二　使用移液管

移液管［如图 1-18(a) 所示］有多种规格，最常用的是 25mL，移液管的用途是准确移取一定体积液体。

1. 移液管的准备

洗涤前先检查吸管是否完整无损。一般先用自来水冲洗，再用洗耳球将洗液吸入吸管洗涤，具体方法如图 1-19 所示。

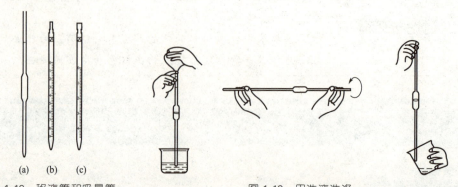

图 1-18　移液管和吸量管　　　　图 1-19　用洗液洗涤

再依次用自来水和蒸馏水洗涤，洗净后放在移液管架上，如图 1-20 所示。

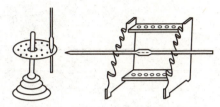

图 1-20 移液管架及移液管的放置

2. 移液操作

见图 1-21。

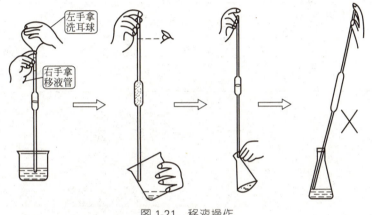

图 1-21 移液操作

(1) 润洗，润洗方法同洗液的洗涤。

(2) 移液管插入至液面下 1～2cm。

(3) 抽吸液体至刻度线以上。

(4) 用滤纸擦拭管尖部分。

(5) 调节液面至刻度。

(6) 溶液放入接收容器流尽后，停留 15s 并左右旋动管身一周。

吸量管〔如图 1-18(b)、1-18(c) 所示〕的操作与移液管基本相同，但放液时，仍需用右手手指控制液面缓慢下降至所需刻度后移离接收器。

注意事项

1. 在吸液和放液过程中，始终保持吸量管垂直；调节液面、放液时管尖应紧靠接收器内壁。

2. 标有"吹"字的吸量管，液体流尽后管尖留存的溶液应吹入接收容器。

3. 同一实验应使用同一支吸量管。

活动三 测定操作

记录实验数据

项目	1	2	3	4
HAc 试样体积/mL				
NaOH 溶液终点读数/mL				
NaOH 溶液初始读数/mL				
消耗 NaOH 溶液体积/mL				
温度校正值 V(温度校正)/mL				
滴定管校正值 V(滴定管校正)/mL				
实际消耗 NaOH 溶液体积 V/mL				
空白试验消耗 NaOH 溶液体积 V_0/mL				
醋酸含量 ρ(HAc)/g·L^{-1}				
$\bar{\rho}$ /g·L^{-1}				
相对平均偏差				

活动四 计算醋酸含量

计算公式为:

$$\rho(\text{HAc}) = \frac{c(\text{NaOH})(V-V_0)M(\text{HAc})}{V(\text{试样})} \qquad (1\text{-}9)$$

式中 ρ(HAc)——试液中 HAc 的含量,g·L^{-1};

c(NaOH)——NaOH 标准滴定溶液浓度,mol·L^{-1};

V——实际消耗 NaOH 标准滴定溶液体积,mL;

V_0——空白试验消耗 NaOH 标准滴定溶液体积,mL;

V(试样)——醋酸试液体积,mL;

M(HAc)——醋酸的摩尔质量,g·mol^{-1}。

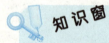

1. 移液管在移液之前为什么要用待吸溶液润洗三次?
2. 放出溶液后为何还要停靠器壁若干时间?

知识窗

醋的妙用

我们知道,醋在人们的生活中扮演着重要的角色,它除了可用作日常调味品之外,在生活中还有许多妙用:

① 煮排骨、炖骨头或烧鱼时加点醋,不仅能将骨头里的钙、磷、铁等溶解在汤里而易被人体吸收,而且还能保护食物中的维生素免遭破坏。

② 炖马铃薯或牛肉时,加点醋易烧熟。

③ 用白醋与甘油的混合液涂抹皮肤,能使皮肤细嫩光滑。

④ 鱼骨梗喉,吞几口醋,可使骨刺酥软,顺利咽下。

⑤ 发面时如多加了碱,可加些醋将碱中和,这样蒸出的馒头就不会变黄变苦。

⑥ 切过生鱼、生肉的菜刀，用醋抹一下，可除腥味。
⑦ 洗头发时，在水中加点醋，可以防止脱发，并使头发乌黑发亮。
⑧ 洗涤有色衣服时，在水中加点醋，不易掉色。

项目小结

分析天平使用
滴定管使用
酸碱指示剂
NaOH 标准滴定溶液制备
　● NaOH 标准滴定溶液配制
　● NaOH 标准滴定溶液浓度标定
　● NaOH 标准滴定溶液浓度计算
测定 HAc 含量
　● 移液管使用
　● 测定操作
　● HAc 含量计算
测定数据处理及规范书写实验报告
　● 有效数字及运算规则
　● 准确度——误差
　● 精密度——偏差

练一练

一、判断题（对的打"√"，错的打"×"）
1. 用蒸馏水洗涤玻璃仪器时，应采用"少量多次"的原则。（　）
2. 分析天平的指针指向左边，则左边重。（　）
3. 滴定管在装入滴定液后，应排除滴定管管尖内的气泡。（　）
4. 每次滴定开始前，都要装溶液调零。（　）
5. 在称取样品过程中，粘在瓶口上的样品应敲回瓶中，以免在揭开瓶盖时洒落。（　）
6. 准确度是指测得值与平均值相接近的程度。（　）
7. 分析结果的精密度好，准确度一定高。（　）
8. 误差有正、负之分，负值表示分析结果偏低，正值表示分析结果偏高。（　）
9. 滴定分析要求结果越准确越好，所以记录测量值的有效数字位数越多越好。（　）

化工分析

二、选择题

1. 滴定过程中，下列操作正确的是（　　）。
   A. 使滴定管尖部分悬在锥形瓶口上方，以免碰到瓶口
   B. 摇动锥形瓶时，应使溶液向同一方向做圆周运动，溶液不得溅出
   C. 滴定时，左手可离开滴定管活塞任溶液自流
   D. 为了操作方便，最好滴完一管再装溶液

2. 用电光天平进行称量过程中，加、减砝码或取、放物体时，应把天平关闭，是为了（　　）。
   A. 称量快速
   B. 减少玛瑙刀口的磨损
   C. 防止天平盘的摆动
   D. 让横梁快速达到平衡状态

3. 下列称量过程中的操作，不正确的是（　　）。
   A. 为了称量方便，打开天平的前门
   B. 称量完毕切断电源
   C. 称量瓶除放在干燥器中，称量盘上外，不放在其他地方
   D. 加减砝码和取放物体时，先休止天平

4. 称取样品时，若微分标尺上显示负值，应（　　）。
   A. 加砝码
   B. 减砝码
   C. 由计算确定
   D. 无法确定

5. 用移液管吸取溶液时，下列操作正确的是（　　）。
   A. 用待吸溶液润洗移液管3～4次
   B. 将溶液吸至刻度线以上，快速放至刻度线
   C. 将移液管插入待吸液面下较深处，以免吸空
   D. 用右手的拇指按住管口

6. 在放出移液管中的溶液时，操作错误的是（　　）。
   A. 将移液管或吸量管直立，接收器倾斜
   B. 管尖与接收容器内壁接触
   C. 溶液流完后，保持放液状态停留15s
   D. 用洗耳球吹出管尖处溶液

7. 对某一样品分析，平行测定三次的结果依次为31.27%、31.26%、31.28%，其第一次测定结果的相对偏差是（　　）。
   A. 0.03%
   B. 0.00%
   C. 0.06%
   D. −0.06%

三、填空

1. 滴定管读数时，对于无色溶液，应读取弯月面_____处与水平相切点，对于深色溶液，应读取弯月面两侧_____处与水平线相切的点。

2. 玻璃仪器洗净的标志是_____。

3. 酸碱滴定中选择指示剂的原则是_____。

4. 酸碱指示剂一般是有机_____酸和有机_____碱，当溶液中的pH改变时，指示剂由于_____的改变而发生_____的改变，指示剂从一种颜色完全转变为另外一种颜色的pH范围，称为指示剂的_____。

5. 准确度表示_____与_____接近的程度。准确度通常用_____表示，_____越小，准确度越高。_____误差影响分析结果的准确度；_____误差影响分析结果的精密度。

6. 用沉淀滴定法测定NaCl含量，分析结果为：0.5982, 0.6000, 0.5986, 0.6024，其真实含量为0.6046。则平均值为_____；绝对误差为_____；相对

误差为_____；平均偏差为_____；相对平均偏差_____。

7. 用吸量管移液时，_____手拿洗耳球，_____手拿吸量管，并用_____手_____指按住管口。

四、计算题

1. 移取 25.00mL HAc 试液，以酚酞为指示剂，用 $0.1002 mol \cdot L^{-1}$ NaOH 标准滴定溶液滴定至终点，消耗 21.62mL，求试液中醋酸的含量（以 $g \cdot L^{-1}$ 表示）。[$M(HAc) = 60.05 g \cdot mol^{-1}$]

2. 分析某矿石中含铜量，分析结果为：18.12%，18.14% 和 18.19%。其真实含量是 18.16%。试计算分析结果的平均值、绝对误差和相对误差。

3. 标定 NaOH 溶液时，准确称取基准物质邻苯二甲酸氢钾 0.5012g，溶于水后，以酚酞为指示剂，用 NaOH 溶液滴定至终点，消耗 NaOH 24.21mL。求 NaOH 的物质的量浓度。[$M(KHP) = 204.22 g \cdot mol^{-1}$]

4. 同一物体在两台天平上称量，称得两次质量分别为 12.3075g、12.3071g，它们实际质量为 12.3074g，哪一次称量的准确度高？

项目二　碳酸钠含量测定

学习导向

想一想　自来水能否直接作为锅炉用水？如何避免锅炉结水垢呢？

锅炉是日常生活和工业生产中广泛使用的一种生产蒸汽或热水的热工设备。当锅炉用水不合要求时，锅炉受热面就会结生水垢，不仅浪费大量的燃料，还会危及锅炉安全运行。小型低压锅炉常用碳酸钠等药品与炉水中形成水垢的钙、镁盐形成疏松的沉渣，然后用排污的方法将沉渣排出炉外，起到防止（或减少）锅炉结垢的作用。

碳酸钠，是一种十分重要的化工产品，也是玻璃、肥皂、纺织、造纸、制革等工业的重要原料。碳酸钠的含量我们可以用盐酸标准滴定溶液测定。

任务一　制备盐酸标准滴定溶液

任务目标

1. 了解盐酸标准滴定溶液的标定原理；
2. 能配制及标定盐酸标准滴定溶液；
3. 能正确判断滴定终点；
4. 能正确计算盐酸标准滴定溶液浓度；
5. 了解提高分析结果准确度方法。

盐酸标准滴定溶液采用间接法配制，可用基准物质无水碳酸钠（Na_2CO_3）或硼砂（$Na_2B_4O_7 \cdot 10H_2O$）标定其浓度。常用的是无水碳酸钠，其标定反应为：

$$Na_2CO_3 + 2HCl = 2NaCl + H_2O + CO_2\uparrow$$

按国标规定，采用溴甲酚绿-甲基红混合指示剂（变色点 pH＝5.1）指示终点。用待标定 HCl 溶液滴定至溶液由绿色变为酒红色，将溶液加热煮沸 2min，冷却至室温，继续用盐

酸溶液滴定至酒红色即为终点。

活动一 准备仪器和试剂

仪器准备

电炉、量筒、烧杯、试剂瓶、锥形瓶、称量瓶、分析天平、酸式滴定管（50mL）、量筒。

试剂准备

浓盐酸（密度 1.19g·mL^{-1}）（A.R.）、无水碳酸钠（基准物质）、溴甲酚绿-甲基红混合指示液。

活动二 配制 0.1mol·L^{-1} HCl 标准滴定溶液

 为什么浓HCl的实际量取体积大于理论值？

活动三 标定 HCl 标准滴定溶液

操作指南

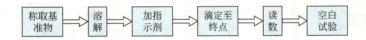

操作步骤

（1）准确称取 0.1500～0.2000g 基准物质无水碳酸钠；
（2）加 50mL 水溶解，加 10 滴溴甲酚绿-甲基红混合指示剂；
（3）用 HCl 标准滴定溶液滴至酒红色，加热煮沸 2min，冷却，继续滴定至酒红色；
（4）平行测定四次，同时做空白试验。

注意事项

1. 配制盐酸溶液应在通风橱中进行操作。
2. 若浓盐酸滴到皮肤上，应立即用水冲洗，然后用2%小苏打溶液冲洗伤处。
3. 使用电炉加热时要注意安全。

化工分析

记录测定数据

项 目	1	2	3	4
倾样前称量瓶＋Na_2CO_3 质量/g				
倾样后称量瓶＋Na_2CO_3 质量/g				
Na_2CO_3 质量 m/g				
HCl 溶液终点读数/mL				
HCl 溶液初始读数/mL				
消耗 HCl 溶液体积/mL				
温度校正值 V(温度校正)/mL				
滴定管校正值 V(滴定管校正)/mL				
实际消耗 HCl 溶液体积 V/mL				
空白试验消耗 HCl 溶液体积 V_0/mL				
c(HCl)/ mol·L^{-1}				
$\bar{c}$(HCl)/ mol·L^{-1}				
相对平均偏差				

活动四　计算盐酸标准滴定溶液的浓度

$$c(\text{HCl}) = \frac{m}{(V-V_0) \times 10^{-3} \times M\left(\frac{1}{2}Na_2CO_3\right)} \tag{2-1}$$

式中　　c(HCl)——盐酸标准滴定溶液的浓度，mol·L^{-1}；

m——无水碳酸钠基准物质的质量，g；

V——实际消耗盐酸溶液的体积，mL；

V_0——空白试验消耗盐酸溶液的体积，mL；

$M\left(\frac{1}{2}Na_2CO_3\right)$——$\frac{1}{2}Na_2CO_3$ 的摩尔质量，g·mol^{-1}。

> **讨论与交流**
>
> 1. 标定 HCl 溶液浓度时，如何计算称取 Na_2CO_3 基准物质的质量？
> 2. 用 Na_2CO_3 基准物质标定 HCl 溶液时，为何要加热煮沸 2min？

任务二　测定碳酸钠含量

任务目标

1. 能用酸碱滴定法测定碳酸钠的含量；
2. 能正确判断滴定终点；
3. 能正确计算测定结果。

Na_2CO_3 溶液呈碱性，用 HCl 标准滴定溶液测定其含量，测定反应和原理同盐酸标定。

项目二　碳酸钠含量测定

活动一　准备仪器和试剂

仪器准备

分析天平、滴定管（50mL）、移液管（25mL）、锥形瓶、称量瓶、烧杯。

试剂准备

$c(HCl)=0.1000 mol \cdot L^{-1}$ 标准滴定溶剂、溴甲酚绿-甲基红混合指示剂、碳酸钠试样。

活动二　测定操作

操作步骤

(1) 准确称取 0.2g 左右碳酸钠样品。
(2) 加 50mL 水溶解，加 10 滴溴甲酚绿-甲基红混合指示剂。
(3) 用 HCl 标准滴定溶液滴至酒红色，煮沸 2min，冷却，继续滴定至酒红色。
(4) 平行测定三次，同时做空白试验。

记录测定数据

编　号	1	2	3
倾样前称量瓶＋Na_2CO_3 质量/g			
倾样后称量瓶＋Na_2CO_3 质量/g			
Na_2CO_3 质量 m/g			
HCl 溶液终点读数/mL			
HCl 溶液初始读数/mL			
消耗 HCl 溶液体积/mL			
温度校正值 V(温度校正)/mL			
滴定管校正值 V(滴定管校正)/mL			
实际消耗 HCl 溶液体积 V/mL			
空白试验消耗 HCl 溶液体积 V_0/mL			
$w(Na_2CO_3)$/%			
$\overline{w}(Na_2CO_3)$/%			
相对平均偏差			

活动三　计算 Na_2CO_3 含量

$$w(Na_2CO_3)=\frac{c(HCl)\times(V-V_0)\times 10^{-3}\times M\left(\frac{1}{2}Na_2CO_3\right)}{m} \tag{2-2}$$

式中　$w(Na_2CO_3)$ ——Na_2CO_3 的质量分数，％；
　　　$c(HCl)$ ——HCl 标准滴定溶液的浓度，$mol \cdot L^{-1}$；
　　　V ——实际消耗 HCl 标准滴定溶液的体积，mL；
　　　V_0 ——空白试验消耗盐酸标准滴定溶液的体积，mL；

m——试样的质量，g；

$M\left(\frac{1}{2}Na_2CO_3\right)$——$\frac{1}{2}Na_2CO_3$ 的摩尔质量，$g \cdot mol^{-1}$。

讨论与交流
1. 加热后溶液颜色由暗红色变为绿色，为什么？
2. 不加热会对测定结果造成什么影响？

任务三　了解提高分析结果准确度的方法

任务目标

1. 了解误差的类型及其产生的原因；
2. 了解误差减免的方法。

想一想　不同的操作者同时对同一样品进行测定，所得结果却不一定相同，这是为什么？

在定量分析中，误差是不可避免的，根据误差产生的原因和性质的不同，误差可分为系统误差和随机误差两大类。见表2-1。

根据误差的类型和产生的原因，采取相应措施可以减免，从而提高分析结果的准确度。

表 2-1　误差的特点及产生原因

名称	定义	特点	来源	原　因	减免方法
系统误差	分析操作过程中的一些固定的、经常性的原因造成的误差	重复性、单向性、可测性	仪器误差	由于测定时所用的仪器、量器不准所造成的误差	校准仪器
			试剂误差	由于所用的蒸馏水或试剂不纯而引起的误差	空白试验
			方法误差	由于分析方法本身的缺陷所造成的误差	对照试验
			操作误差	由于操作者的主观因素造成的误差	遵守操作规程耐心细致操作
随机误差	测量过程中各种随机因素而引起的误差	随机性、呈正态分布		测量时环境温度、压力、湿度的微小波动，仪器性能的微小变化	多次平行试验

对照试验：用同样的分析方法，在相同的条件下，用标准样代替试样进行的平行测定。是判断测定过程中是否存在系统误差的有效方法。

空白试验：不加试样的情况下，按照试样分析规程，在同样的操作条件下进行的平行测定。

在定量分析中，由于工作中粗枝大叶或违反操作规程造成的称为过失误差。例如，溶液溅失、加错试剂、读错数据、记录和计算错误等，是可以避免的。若查明原因属于过失，应弃去不用。

为使测量时的相对误差小于0.1%，称量试样的最低质量为0.2g，消耗滴定剂体积必须大于20mL。一般常控制在20~40mL左右。

项目二 碳酸钠含量测定

> **讨论与交流**
> 1. 举例说明日常生活中的系统误差和随机误差,如何减免?
> 2. 标定盐酸的基准物可以是 Na_2CO_3 或硼砂($Na_2B_4O_7 \cdot 10H_2O$),选用哪一个可以减小称量误差?为什么?

知识窗

绿色洗涤——无磷洗衣粉

合成洗衣粉的主要成分是表面活性剂,还有一些助洗剂和辅助剂,如磷酸盐、硅酸钠、纯碱、过氧酸盐、羧甲基纤维素、酶制剂等。助剂主要是用来螯合导致水质变硬的离子(主要是钙、镁离子,还有铁、铝等离子),还使洗涤水有适当的碱性,起到水的软化、固体污垢的分散、酸性污垢的去除等作用。

污垢的衣服在洗衣粉的魔力下变得清洁干净,但也造成湖泊等水体富营养化!三聚磷酸盐是一种高效助洗剂,也是很好的化学肥料,洗涤废水排入水域,会使水质富营养化,藻类及浮游生物的滋生,导致江河湖泊、沿海"水华"和"赤潮"频繁发生,严重污染环境。

含磷洗衣粉的污染问题已经引起了世界各国的普遍重视。很多国家提出了禁磷和限磷措施,并在不断地研究和开发磷酸盐的替代品。随着无磷洗涤剂的发展,现在大部分用4A沸石代替三聚磷酸盐,4A沸石是水合硅铝酸钠,具有较强的钙离子交换能力,表面吸附能力强,是替代三聚磷酸钠理想的无磷洗涤助剂,保证了软化水和洗涤效果。

项目小结

HCl 标准溶液的制备
- 配制方法
- 标定步骤
- 标定原理

Na_2CO_3 含量测定
- 测定步骤
- 测定原理

提高分析准确度的方法
- 消除系统误差
- 减小随机误差和测量误差

练一练

一、判断题(对的打"√",错的打"×")

化工分析

1. 用量筒或移液管向锥形瓶中加溶液时，应沿壁加入。（　　）
2. 倾倒试剂时，试剂瓶的标签应对准手掌心。（　　）
3. 进行滴定操作前，要将滴定管尖悬挂的液滴靠进锥形瓶中。（　　）
4. 在做滴定分析时锥形瓶必须用标准溶液润洗三次。（　　）
5. 滴定完毕，滴定管尖外有液滴悬挂对滴定结果不造成影响。（　　）
6. 不使用滴瓶中的溶液时，应使滴管贮满溶液保存。（　　）
7. 滴定管、量筒都可以在烘箱中烘干，或用酒精灯烤干。（　　）
8. 酸碱滴定法只能用来测定具有酸碱性的物质。（　　）
9. 加错试剂属偶然误差。（　　）

二、选择题

1. 下列说法中不是锥形瓶的主要用途的是（　　）。
   A. 配制溶液　　　　　　　　　B. 作为滴定反应的容器
   C. 加热反应时可减少溶液损失
2. 在滴定过程中锥形瓶摇动方法正确的是（　　）。
   A. 前后摇动　　B. 左右摇动　　C. 旋转摇动　　D. 上下振动
3. 取用滴瓶中试剂时，下列操作不正确的是（　　）。
   A. 垂直拿滴管
   B. 每次放回滴管时，必须看清标签，以免放错
   C. 滴管不能放在滴瓶外面的任何地方
   D. 滴管的尖端需碰到容器壁
4. 关于试剂瓶的操作，操作错误的是（　　）。
   A. 取用溶液前要摇匀　　　　　B. 手心对准标签
   C. 沿壁将溶液倒入接收器　　　D. 多余溶液倒回试剂瓶中
5. 使用量筒量取液体时，操作不正确的是（　　）。
   A. 在量筒中先倾入比需要量稍少的液体，然后用滴管滴加到所需的量
   B. 读数时，眼睛的视线和液面的最低点在同一水平面上
   C. 用滴管向量筒滴加溶液时，滴管伸入量筒或碰到筒壁
6. 有关指示剂的叙述，错误的是（　　）。
   A. 混合指示剂比单一指示剂的颜色变化敏锐
   B. 混合指示剂的变色范围比单一指示剂的变色范围窄
   C. 使用混合指示剂可以减小终点误差
   D. 使用混合指示剂可以防止滴定过量
7. 准确量取 1.00mL 溶液时，应使用（　　）。
   A. 量筒　　　　B. 量杯　　　　C. 吸量管　　　D. 滴定管
8. 下列方法中可以减少分析结果的偶然误差的是（　　）。
   A. 增加平行测定的次数　　　　B. 对照试验
   C. 空白试验　　　　　　　　　D. 仪器的校正
9. 定量分析工作要求测定结果的误差（　　）。
   A. 愈小愈好　　　　　　　　　B. 等于 0
   C. 没有要求　　　　　　　　　D. 在允许误差范围内

10. 在不加样品的情况下，用测定样品同样的方法、步骤，对空白样品进行分析，称为（　　）。
  A. 对照试验　　　　B. 空白试验　　　　C. 平行试验
11. 如果要求分析结果相对误差不大于0.1％，使用灵敏度为0.1mg的天平称取时，至少要称取（　　）。
  A. 0.1g　　　　B. 0.05g　　　　C. 0.2g　　　　D. 0.5g
12. 在滴定分析法中出现下列情况，造成系统误差的是（　　）。
  A. 试样未经充分混匀　　　　　　B. 滴定管的读数读错
  C. 滴定时有液滴溅出　　　　　　D. 砝码未经校正
13. 某样品分析结果的准确度不好，但精密度好，可能存在（　　）。
  A. 操作失误　　B. 记录有差错　　C. 系统误差　　D. 随机误差
14. 用50mL常量滴定管进行滴定分析，要求测量的相对误差不大于0.1％，消耗滴定剂的体积应控制在（　　）。
  A. 10mL　　　B. 10～20mL　　　C. 20～30mL　　　D. 40～50mL
15. 分析硅酸盐样品中SiO_2的含量时，称取样品的质量为0.4650g，下列报告合理的是（　　）。
  A. 62.37％　　　B. 62.3％　　　C. 62.4％　　　D. 62％
16. 下列论述中错误的是（　　）。
  A. 方法误差属于系统误差　　　　B. 系统误差包括操作误差
  C. 系统误差呈现正态分布　　　　D. 系统误差具有单向性
17. 在滴定分析法中出现下列情况，造成系统误差的是（　　）。
  A. 试样未经充分混匀　　　　　　B. 滴定管的读数读错
  C. 滴定时有液滴溅出　　　　　　D. 砝码未经校正
18. 某样品分析结果的准确度不好，但精密度好，可能存在（　　）。
  A. 操作失误　　B. 记录有差错　　C. 使用试剂不纯　　D. 随机误差大

三、计算题

1. 准确称取Na_2CO_3基准物质0.1742g，加少量的水溶解后，以溴甲酚绿-甲基红为指示剂，用HCl标准溶液滴定至终点，消耗HCl溶液28.64mL，求此HCl标准滴定溶液的物质的量浓度。[$M(Na_2CO_3)=105.99 \text{g} \cdot \text{mol}^{-1}$]

2. 称取工业品碳酸钠试样0.2000g，溶于水，加入甲基橙指示剂，用$0.1077 \text{mol} \cdot \text{L}^{-1}$ HCl溶液滴定至呈现橙色，用去33.62mL，求碳酸钠的纯度。[$M(Na_2CO_3)=105.99 \text{g} \cdot \text{mol}^{-1}$]

3. 三人对同一样品进行分析，采用同样的方法，测得结果为：甲31.27％、31.26％、31.28％；乙31.17％、31.22％、31.21％；丙31.32％、31.28％、31.30％。则甲、乙、丙三人精密度高低次序如何？

四、问答题

1. 常用的玻璃仪器中，哪些仪器不可以加热？
2. 哪些玻璃仪器不可以用去污粉刷洗？
3. 在分析过程中，出现下列情况各造成何种误差，如何减免？
（1）称量过程中样品吸收微量水分；（2）分析用试剂中含有微量待测组分；（3）重量分析中，沉淀溶解损失；（4）读取滴定管读数时，最后一位数字估计不准。

项目三　水中 Ca^{2+}、Mg^{2+} 含量测定

　学习导向

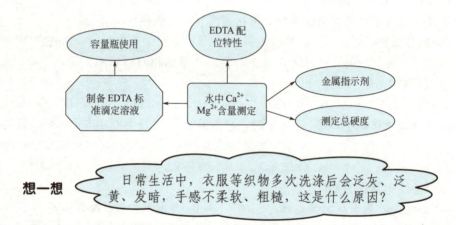

想一想　日常生活中，衣服等织物多次洗涤后会泛灰、泛黄、发暗，手感不柔软、粗糙，这是什么原因？

平时家里的毛巾变硬、热水器结垢都是硬水惹的祸。所谓"硬水"是指水中所溶的矿物质成分多，尤其是钙和镁。使用硬度大的水洗衣服，既浪费肥皂、又不易洗净；工业上用硬水会使锅炉、换热器中结垢而影响热效应，甚至有可能引起锅炉爆炸，因此水硬度的测定有很大的实际意义。测定水中 Ca^{2+}、Mg^{2+} 含量应用最广泛的方法是 EDTA 配位滴定法。

利用形成配合物的反应来进行滴定分析的方法叫做配位滴定法。以配位剂 EDTA 与金属离子进行反应的配位滴定法，称为 EDTA 配位滴定法。

任务一　制备 EDTA 标准滴定溶液

任务目标

1. 了解 EDTA 与金属离子配合物的特点；
2. 了解溶液酸度对配合物稳定性的影响；
3. 了解常用金属指示剂；
4. 会配制及标定 EDTA 标准滴定溶液；
5. 能正确计算测定结果。

想一想　什么是EDTA？配位滴定为什么常用EDTA做配位剂？

了解 EDTA 配位特性

EDTA 的化学名称为乙二胺四乙酸,简称为 EDTA,它是一个四元有机弱酸,简写为 H_4Y。由于 H_4Y 在水溶液中溶解度小 $[0.02g·(100g 水)^{-1}]$,因此,分析上用乙二胺四乙酸二钠盐($Na_2H_2Y·2H_2O$)配制标准滴定溶液,也简称为 EDTA。

1. EDTA 与金属离子配合物的特点

EDTA 与金属离子形成的配合物(MY)有以下特点:

① 配位比简单,EDTA 与一至四价的金属离子形成 1∶1 的配合物。

② 稳定性大,EDTA 能与金属离子形成稳定的螯合物。配合物的稳定性常用稳定常数($K_稳$)来表示,稳定常数越大,配合物越稳定。常见配合物稳定常数见附录三。

③ 配位反应速率快。

④ EDTA 与金属离子形成的配合物易溶于水。

2. 酸度对 EDTA 配合物的影响

EDTA 在水溶液中电离如下:

$$H_4Y \xrightleftharpoons{-H^+} H_3Y^- \xrightleftharpoons{-H^+} H_2Y^{2-} \xrightleftharpoons{-H^+} HY^{3-} \xrightleftharpoons{-H^+} Y^{4-}$$

在不同的 pH 下 EDTA 的主要存在形式如下:

pH	<2.0	2.0~2.67	2.67~6.16	6.16~10.26	>10.26
主要存在形式	H_4Y	H_3Y^-	H_2Y^{2-}	HY^{3-}	Y^{4-}

其中只有 Y^{4-} 易与金属离子直接配位,形成稳定的配合物。

EDTA 的配位能力与溶液酸度(pH)有关。

$$\begin{array}{c} M + Y^{4-} \rightleftharpoons MY(主反应) \\ 酸度太低 \updownarrow \quad \updownarrow 酸度太高 \\ MOH \quad\quad HY^{3-} \\ \vdots \quad\quad H_6Y^{2+} \end{array}$$

故溶液的酸度越低,Y^{4-} 浓度越大,有利于配位反应;但酸度也不能太低,否则某些金属离子会水解。

由于 H^+ 的存在,使 EDTA 配位能力降低的现象称为 EDTA 的酸效应。酸效应的强弱可用酸效应系数 $\alpha_{Y(H)}$ 衡量。在不同 pH 下的酸效应系数值见附录四。

每一种金属离子与 EDTA 配位时,都有一个"最高允许酸度"(最低 pH 值),用 pH 及对应的 $\lg\alpha_{Y(H)}$ 作图,所得的曲线就称为 EDTA 酸效应曲线,如图 3-1 所示。

利用 EDTA 酸效应曲线可以查得不同 pH 下的 $\lg\alpha_{Y(H)}$ 值;确定每一种金属离子单独被测定时的最高允许酸度。

因此,EDTA 配位滴定时都应控制合适的酸度范围。由于配位反应本身会释放出 H^+,导致滴定过程中酸度增高,如:

$$Mg^{2+} + H_2Y^{2-} = MgY^{2-} + 2H^+$$

为使配位滴定顺利进行,一般用酸碱缓冲溶液控制溶液酸度。

了解酸碱缓冲溶液

缓冲溶液是一种能对溶液的酸度起稳定作用的溶液。在缓冲溶液中加入少量的强酸、强

化工分析

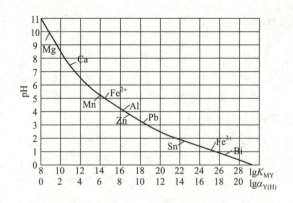

图 3-1　EDTA 酸效应曲线

金属离子浓度 0.0100 mol·L^{-1}，允许误差 1/1000

碱或适当稀释时，溶液酸度基本保持不变。缓冲溶液一般由弱酸-弱酸盐、弱碱-弱碱盐等组成。如：HAc-NaAc、NH$_3$-NH$_4$Cl。

分析化学中缓冲溶液有以下用途：

① 控制溶液 pH；

② 测量溶液 pH 时用作标准溶液，即标准缓冲溶液（如用于校正 pH 计）。

常用缓冲溶液的配制见附录七。

活动一　准备仪器和试剂

仪器准备

分析天平、容量瓶（250mL）、移液管（25mL）、滴定管（50mL）、锥形瓶、试剂瓶、台秤、电炉、量筒。

试剂准备

乙二胺四乙酸二钠（Na$_2$H$_2$Y·2H$_2$O）（A.R.）、ZnO（基准物质）、NH$_3$-NH$_4$Cl 缓冲溶液（pH＝10）、铬黑 T 指示液、(1+1) 盐酸、(1+1) 氨水溶液。

活动二　配制 0.02mol·L^{-1} EDTA 标准滴定溶液

操作步骤

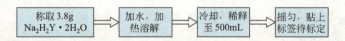

EDTA 标准滴定溶液可用 ZnO、纯 Zn 或 CaCO$_3$ 等基准物质（国标法规定用 ZnO）标定。

活动三　配制 ZnO 标准滴定溶液

ZnO 标准滴定溶液可用直接法（必须是基准物质）配制。

基准物质必须具备以下条件：组成恒定并与化学式相符；纯度足够高；性质稳定；有较大的摩尔质量。

常见的基准物质有：Na_2CO_3、$K_2Cr_2O_7$、邻苯二甲酸氢钾（$KHC_8H_4O_4$）、$CaCO_3$、$Na_2C_2O_4$、NaCl、硼砂（$Na_2B_4O_7 \cdot 10H_2O$）、ZnO、$H_2C_2O_4 \cdot 2H_2O$ 等。

直接法配制标准滴定溶液必须在容量瓶中（如图 3-2 所示）定容。

容量瓶带有玻璃磨口或塑料塞，颈上有标度刻线，一般表示在 20℃时液体充满标度刻线时的准确容积。它主要用于配制准确浓度的溶液或定量地稀释溶液。常见的规格有 25mL、50mL、100mL、250mL、500mL、1000mL 等。

容量瓶在使用前应做如下准备：

① 试漏，如图 3-3 所示。

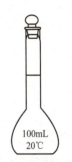

图 3-2　容量瓶

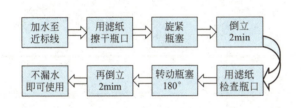

图 3-3　试漏

② 洗涤，方法同滴定管、移液管的洗涤。

配制 ZnO 标准滴定溶液操作方法如图 3-4 所示。

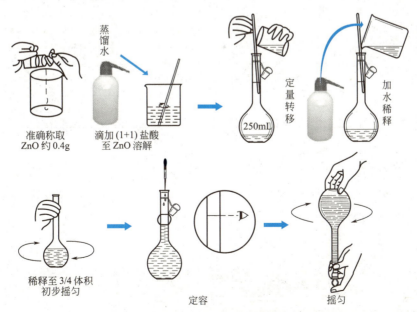

图 3-4　直接法配制标准滴定溶液示意图

活动四 标定 EDTA 标准滴定溶液

用 ZnO 标定 EDTA 标准滴定溶液时,在 pH=10 的 NH_3-NH_4Cl 缓冲溶液中,以铬黑 T 作指示剂,用 EDTA 滴定至溶液由酒红色变为纯蓝色,即为终点。反应式为:

$$Zn^{2+} + HY^{3-} \rightleftharpoons ZnY^{2-} + H^+$$

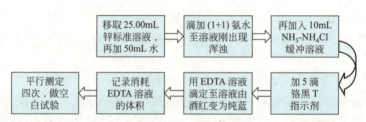

注意事项

1. 配制盐酸和氨水溶液时应在通风橱中进行。
2. 用(1+1)盐酸溶解 ZnO 固体时,烧杯口用表面皿盖住,溶解完成后用蒸馏水淋洗表面皿。

记录测定数据

项目	1	2	3	4
倾样前称量瓶+ZnO 质量/g				
倾样后称量瓶+ZnO 质量/g				
ZnO 质量 m/g				
移取 ZnO 溶液体积/mL				
EDTA 溶液终点读数/mL				
EDTA 溶液初始读数/mL				
消耗 EDTA 溶液体积/mL				
温度校正值 V(温度校正)/mL				
滴定管校正值 V(滴定管校正)/mL				
实际消耗 EDTA 溶液体积 V/mL				
空白试验消耗 EDTA 溶液体积 V_0/mL				
c(EDTA)/mol·L^{-1}				
$\bar{c}$(EDTA)/mol·L^{-1}				
相对平均偏差				

了解金属指示剂

铬黑 T,简称 EBT,能与金属离子生成配合物的结构复杂的有机染料,称它为金属指示剂,配位滴定中用金属指示剂来判断滴定终点。

铬黑 T 溶于水后,存在如下离解平衡:

$$H_2In^- \rightleftharpoons HIn^{2-} \rightleftharpoons In^{3-}$$

pH<6   pH=8~11   pH>12
(紫红色) (蓝色)   (橙色)

在 pH=10 的溶液中,用 EDTA 滴定 Zn^{2+},以铬黑 T(EBT)作为指示剂,其变色如下：

滴定前　　　　　　　$Zn^{2+} + HIn^{2-} \rightleftharpoons ZnIn^- + H^+$
　　　　　　　　　　　　（蓝色）　　（酒红色）

化学计量点前　　　　$Zn^{2+} + H_2Y^{2-} \rightleftharpoons ZnY^{2-} + 2H^+$
　　　　　　　　　　　　　　　　　　　（无色）

化学计量点时　　　　$ZnIn^- + H_2Y^{2-} \rightleftharpoons ZnY^{2-} + HIn^{2-} + H^+$
　　　　　　　　　　（酒红色）　　　　　　　（蓝色）

> 滴定时为什么控制溶液pH=10？

金属指示剂应具备以下条件：

① 在测定的 pH 范围内，金属指示剂本身的颜色与它和金属离子生成配合物的颜色应有显著的区别。

② 金属指示剂与金属离子生成的配合物 MIn 稳定性要适当，应满足：$\lg K'(MIn) > 10^4$；$\lg K'(MY) - \lg K'(MIn) \geqslant 2$。否则会产生指示剂的封闭现象。

③ 金属指示剂与金属离子形成的配合物应易溶于水。如果生成胶体或沉淀，会产生指示剂的"僵化"现象。

④ 金属指示剂应比较稳定，便于储藏和使用。

活动五　计算 EDTA 标准滴定溶液浓度

计算公式为：
$$c(EDTA) = \frac{m \times \frac{25}{250}}{(V - V_0) \times 10^{-3} M(ZnO)} \qquad (3\text{-}1)$$

式中　$c(EDTA)$——EDTA 标准滴定溶液浓度，$mol \cdot L^{-1}$；

　　　m——ZnO 的质量，g；

　　　V——实际消耗 EDTA 溶液的体积，mL；

　　　V_0——空白试验消耗 EDTA 溶液的体积，mL；

　　　$M(ZnO)$——ZnO 的摩尔质量，$g \cdot mol^{-1}$。

> **讨论与交流**
>
> 1. 用 ZnO 标定 EDTA 溶液时，为什么要在调节溶液 pH 以后再加入缓冲溶液？
>
> 2. 用 ZnO 标定 EDTA 溶液，用氨水调节 pH 时，有白色沉淀生成，若滴加过量氨水沉淀会消失，为什么？

任务二　测定水中 Ca^{2+}、Mg^{2+} 含量

任务目标

1. 了解测定水硬度原理；
2. 能用配位滴定法测定钙、镁离子的含量；
3. 能正确判断滴定终点；

化工分析

4. 能正确计算钙、镁结果。

想一想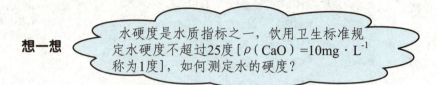

水硬度是水质指标之一，饮用卫生标准规定水硬度不超过25度 [$\rho(CaO)=10mg \cdot L^{-1}$ 称为1度]，如何测定水的硬度？

水的硬度主要由水中所含的钙盐和镁盐决定，测定水的硬度是指测定水中 Ca^{2+} 和 Mg^{2+} 的含量，通常是在 pH=10 的 NH_3-NH_4Cl 缓冲溶液中，以铬黑 T 作为指示剂，用 EDTA 标准滴定溶液直接滴定至溶液由酒红色变为纯蓝色即为终点。测定反应为：

$$M^{2+} + Y^{4-} \rightleftharpoons MY^{2-} \quad (M \text{ 为 } Ca^{2+} \text{ 或 } Mg^{2+})$$

活动一 准备仪器和试剂

仪器准备

移液管（50mL）、滴定管（50mL）、锥形瓶、烧杯、量筒。

试剂准备

$c(\text{EDTA})=0.02mol \cdot L^{-1}$ EDTA 标准滴定溶液、NH_3-NH_4Cl 缓冲溶液（pH=10）、铬黑 T 指示液。

活动二 测定操作

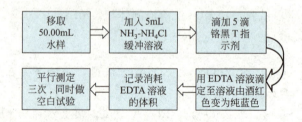

记录测定数据

项目	1	2	3
移取水样体积/mL			
EDTA 溶液终点读数/mL			
EDTA 溶液初始读数/mL			
消耗 EDTA 溶液体积/mL			
温度校正值 V(温度校正)/mL			
滴定管校正值 V(滴定管校正)/mL			
实际消耗 EDTA 溶液体积 V/mL			
空白试验消耗 EDTA 溶液体积 V_0/mL			
$\rho(CaO)$/mg $\cdot$ L^{-1}			
$\bar{\rho}(CaO)$/mg $\cdot$ L^{-1}			
相对平均偏差			

项目三　水中 Ca^{2+}、Mg^{2+} 含量测定

活动三　计算水中钙镁总含量

计算公式为：
$$\rho(\text{CaO}) = \frac{c(\text{EDTA})(V-V_0)M(\text{CaO})}{V(\text{水样}) \times 10^{-3}} \tag{3-2}$$

式中　$\rho(\text{CaO})$——水样中氧化钙的含量，$mg \cdot L^{-1}$；

$c(\text{EDTA})$——EDTA 标准滴定溶液浓度，$mol \cdot L^{-1}$；

V——实际消耗 EDTA 标准滴定溶液体积，mL；

V_0——空白试验消耗 EDTA 标准滴定溶液体积，mL；

$V(\text{水样})$——移取水样体积，mL；

$M(\text{CaO})$——CaO 的摩尔质量，$g \cdot mol^{-1}$。

讨论与交流

1. 若水样硬度较低，消耗 EDTA 溶液过少，可采用什么方法减小滴定误差？
2. 日常生活中可以通过什么方法降低水的硬度？

知识窗

软水与硬水

水分为软水、硬水，凡不含或少含矿物质（主要是钙、镁离子）的水称为软水，反之称为硬水。

硬水又分为暂时硬水和永久硬水。由碳酸氢钙或碳酸氢镁引起的是暂时硬水。经煮沸，水中的碳酸氢钙分解生成不溶性碳酸钙而沉淀，硬水变成软水；如果是由含有钙、镁的硫酸盐或氯化物引起的，是永久硬水，煮沸也不能去除。

水的硬度是指水中钙、镁离子总的浓度。依照水的总硬度值大致划分，当水中的硬度以碳酸钙计小于 $150mg \cdot L^{-1}$ 时，称为软水；$150 \sim 450mg \cdot L^{-1}$ 时，称为硬水；$450 \sim 714mg \cdot L^{-1}$ 时为高硬水；大于 $714mg \cdot L^{-1}$ 时为特硬水。

在天然水中，远离城市未受污染的雨水、雪水属于软水；泉水、溪水、江河水、水库水多属于暂时性硬水，部分地下水属于高硬度水。我国北方的水硬度较高，南方水质相对较软。

长期饮用过硬或者过软的水都不利于人体健康，科学家和医学家们调查发现，人的某些心血管疾病，如高血压和动脉硬化性心脏病的死亡率，与饮水的硬度成反比，水质硬度低，死亡率反而高。但饮用高硬水易使人患暂时性胃肠不适、腹胀、泻肚、排气多，甚至引起肾结石等疾病。国家生活饮用水硬度的卫生标准为小于 $450mg \cdot L^{-1}$（以碳酸钙计）。

项目小结

EDTA 配位特性
酸碱缓冲溶液

> 金属指示剂
> 容量瓶
> EDTA 标准溶液的制备
> ① 配制方法
> ② 标定步骤
> ③ 标定原理
> 水中钙、镁含量测定
> ① 测定步骤
> ② 测定原理

练一练

一、判断题（对的打"√"，错的打"×"）

1. 避免金属指示剂僵化的办法是加入有机溶剂或加热，以增大其溶解度。（　）
2. 酸度越大，配合物的稳定性越大。（　）
3. 酸度是影响配合物稳定性的主要因素之一。（　）
4. 只要金属离子能与 EDTA 形成配合物，都能用 EDTA 直接滴定。（　）
5. 游离金属指示剂（In）的颜色一定要与配合物（MIn）的颜色有明显的区别。（　）
6. 利用酸效应曲线可以查找测定各种金属离子所需的最低 pH 值。（　）
7. 在配位滴定中，EDTA 溶液通常用酸式滴定管盛装。（　）
8. 在配位滴定中，选用的指示剂与金属离子形成的配合物的稳定性应比金属离子与 EDTA 生成的配合物的稳定性要高。（　）

二、选择题

1. 用 EDTA 溶液直接滴定无色金属离子时，终点时溶液所呈颜色是（　）。
   A. 金属指示剂和金属离子形成的配合物的颜色
   B. 无色
   C. 游离指示剂的颜色
   D. EDTA 与金属离子形成的配合物的颜色
2. 配位滴定所用的金属指示剂同时也是一种（　）。
   A. 沉淀剂　　　　B. 配位剂　　　　C. 掩蔽剂　　　　D. 酸碱指示剂
3. 金属指示剂应具备的条件是（　）。
   A. In 与 MIn 的颜色要相近　　　　B. MIn 的稳定性要适当
   C. MIn 应不溶于水　　　　D. 显色反应速率要慢
4. 指示剂封闭现象产生的原因是（　）。
   A. MIn 在水中的溶解度太小　　　　B. MIn 不够稳定
   C. EDTA 与 MIn 的置换反应速率太慢　　　　D. $K'(MIn) > K'(MY)$
5. 用于标定 EDTA 的基准物质除下列的（　）外均可。

A. Na_2CO_3　　　　B. $CaCO_3$　　　　C. Zn　　　　D. ZnO

6. 含有 Ca^{2+}、Mg^{2+} 的溶液，在 pH=10 时，用 EDTA 标准溶液滴定，测定的是(　　)。
   A. Ca^{2+}、Mg^{2+} 的总含量　　　　B. Ca^{2+} 的含量
   C. Mg^{2+} 的含量

三、填空题

1. 在配位滴定中，若 $\lg K'(MY) < \lg K'(MIn)$，会发生指示剂的_____现象；若 MIn 不溶于水，则产生指示剂的_____现象。

2. 由于 EDTA 与金属离子反应时有_____释出，故配位滴定多以_____将溶液的 pH 值控制在一定的范围内。

3. 在配位滴定中最常用的氨羧配合剂的名称为_____，简称为_____。

4. 测定水的总硬度时，以_____作为指示剂，用_____溶液调节试液的 pH=_____，用 EDTA 滴定至溶液由_____色变为_____色即为终点。

四、计算题

1. 准确称取 0.4162g 纯 ZnO 基准物质，用 HCl 溶解后，于 250mL 容量瓶中定容。吸取此溶液 25.00mL，以 EDTA 标准滴定溶液滴定至终点，用去 21.56mL，计算 EDTA 溶液的物质的量浓度。[$M(ZnO)=81.38g \cdot mol^{-1}$]

2. 用 EDTA 配位滴定法测定无水氯化锌的含量，称取 0.2064g 试样，溶于水后，在 pH=5~6 时，用二甲酚橙作为指示剂，以 $0.05000 mol \cdot L^{-1}$ EDTA 标准滴定溶液滴定至终点，消耗 27.58mL，计算试样中 $ZnCl_2$ 的质量分数。[$M(ZnCl_2)=136.29g \cdot mol^{-1}$]

3. 测定水的总硬度时，用移液管移取 100.0mL 水样于锥形瓶中，以 EBT 为指示剂，用 $0.01021 mol \cdot L^{-1}$ EDTA 标准滴定溶液滴定至终点，消耗 EDTA 标准滴定溶液 20.04mL，求水的总硬度 [用 $\rho(CaO)$，$mg \cdot L^{-1}$ 表示]。[$M(CaO)=56.08g \cdot mol^{-1}$]

项目四　过氧化氢含量测定

学习导向

过氧化氢的分子式为 H_2O_2，商品名称双氧水。为无色稠厚液体，既有氧化性，又有还原性，常用 $KMnO_4$ 法测定。

高锰酸钾法是利用高锰酸钾（$KMnO_4$）标准溶液进行滴定的氧化还原滴定法。氧化还原滴定法是以氧化还原反应为基础的滴定分析法。

高锰酸钾是一种强氧化剂，它的氧化能力与溶液的酸度有关，在强酸性溶液中，$KMnO_4$ 与还原剂作用，被还原为 Mn^{2+}。

$$MnO_4^- + 8H^+ + 5e^- \rightleftharpoons Mn^{2+} + 4H_2O \quad \varphi^{\ominus}(MnO_4^-/Mn^{2+}) = 1.51V$$

在微酸性、中性或弱碱性溶液中，$KMnO_4$ 则被还原为 MnO_2。

$$MnO_4^- + 2H_2O + 3e^- \rightleftharpoons MnO_2 + 4OH^-$$

由于生成 MnO_2 褐色沉淀，影响滴定终点的观察，因此高锰酸钾法一般是在强酸性条件下进行的，所用的强酸性介质通常是 H_2SO_4，避免使用 HCl 和 HNO_3。

任务一　制备高锰酸钾标准滴定溶液

任务目标

1. 了解标定高锰酸钾标准滴定溶液的原理；
2. 能配制高锰酸钾标准滴定溶液；
3. 会标定高锰酸钾标准滴定溶液；
4. 能正确计算高锰酸钾溶液浓度。

想一想

高锰酸钾标准滴定溶液能否用直接法配制？为什么？

高锰酸钾是一种常见的强氧化剂，见光易分解，故需避光保存。在滴定分析中，$KMnO_4$ 标准滴定溶液应装在棕色酸式滴定管中，不能装在碱式滴定管中，以防止 $KMnO_4$ 溶液将乳胶管氧化，从而导致滴定失败。

项目四 过氧化氢含量测定

活动一 准备仪器和试剂

仪器准备

托盘天平、分析天平、电炉、4号玻璃砂芯漏斗、吸滤瓶、棕色试剂瓶、酸式或酸碱两用棕色滴定管、锥形瓶、25mL量筒、常用玻璃仪器。

试剂准备

$KMnO_4$（A.R.）、基准物质草酸钠（在105~110℃烘至恒重）、$3mol·L^{-1}$ 的 H_2SO_4 溶液（在搅拌下将83mL浓 H_2SO_4 加入到417mL水中）。

活动二 配制高锰酸钾标准滴定溶液

纯的 $KMnO_4$ 是相当稳定的，但市售的 $KMnO_4$ 固体试剂中常含有少量的杂质。$KMnO_4$ 溶液不稳定，在放置过程中由于自身分解、见光易分解、蒸馏水中含有的微量还原性物质与 $KMnO_4$ 反应析出 $MnO(OH)_2$ 沉淀等作用，MnO_2 和 $MnO(OH)_2$ 又进一步促进 $KMnO_4$ 溶液分解，致使溶液的浓度发生改变。故 $KMnO_4$ 标准溶液只能用间接法制备。

操作步骤

① 在托盘天平上称取约1.6g固体高锰酸钾试剂；
② 加500mL蒸馏水溶解；
③ 加热至微沸并保持沸腾15min；
④ 冷却，于暗处放置约一周；
⑤ 用微孔玻璃漏斗过滤后储存在棕色试剂瓶中待标定。

注意事项

1. 储存用的棕色试剂瓶应用高锰酸钾滤液洗涤2~3次。
2. 过滤高锰酸钾溶液所用的微孔玻璃漏斗，应预先用同一高锰酸钾溶液缓慢煮沸5min。

活动三 标定高锰酸钾标准滴定溶液

操作指南

称取基准物质 → 加水溶解 → 调节酸度 → 加热溶液 → 滴定至终点

操作步骤

① 准确称取草酸钠基准物质0.1500~0.2000g；
② 置于250mL锥形瓶中，加50mL水溶解；

 为什么要加热？

③ 加 10mL 3mol·L^{-1} H$_2$SO$_4$ 溶液；

④ 加热溶液至 70～85℃；

⑤ 用待标定的高锰酸钾溶液滴定到溶液呈微红色，保持 30s 不褪即为终点；

⑥ 记录消耗 KMnO$_4$ 溶液体积；

⑦ 平行测定 4 次，同时做空白试验。

注意事项

1. 开始时只加一滴，等第一滴高锰酸钾溶液褪色后再接着滴定。
2. 高锰酸钾为强氧化剂，在加热及滴定操作时，注意保护皮肤、衣物。

记录测定数据

项　目	1	2	3	4
倾样前称量瓶＋Na$_2$C$_2$O$_4$ 质量/g				
倾样后称量瓶＋Na$_2$C$_2$O$_4$ 质量/g				
m(Na$_2$C$_2$O$_4$)质量/g				
KMnO$_4$ 溶液终点读数/mL				
KMnO$_4$ 溶液初始读数/mL				
消耗 KMnO$_4$ 溶液体积/mL				
滴定管校正 V/mL				
温度校正 V/mL				
实际消耗 KMnO$_4$ 溶液体积/mL				
空白试验消耗 KMnO$_4$ 溶液体积 V_0/mL				
c(KMnO$_4$)/mol·L^{-1}				
$\bar{c}$(KMnO$_4$)/mol·L^{-1}				
相对平均偏差				

了解标定原理

标定 KMnO$_4$ 溶液的基准物质很多，如 Na$_2$C$_2$O$_4$、H$_2$C$_2$O$_4$·2H$_2$O、(NH$_4$)$_2$C$_2$O$_4$、As$_2$O$_3$ 和纯铁丝等，其中以 Na$_2$C$_2$O$_4$ 最为常用。在酸度为 0.5～1mol·L^{-1} 的 H$_2$SO$_4$ 溶液中，以 Na$_2$C$_2$O$_4$ 为基准物质标定 KMnO$_4$ 溶液，标定反应为：

$$2MnO_4^- + 5C_2O_4^{2-} + 16H^+ = 2Mn^{2+} + 10CO_2\uparrow + 8H_2O$$

此标定反应速率较慢，为使反应能定量、快速进行，标定时要：

① 将 Na$_2$C$_2$O$_4$ 溶液加热至 70～85℃（不能超过 90℃，温度大于 90℃时 H$_2$C$_2$O$_4$ 易分解）再进行滴定；

② 控制酸度为 [H$^+$]＝0.5～1.0mol·L^{-1}；

③ 控制滴定速度，刚开始滴定时，滴定速度要慢，应等第一滴 KMnO$_4$ 溶液颜色褪去后，再加第二滴溶液，逐渐加快滴定速度，但不能过快，近终点时放慢滴定速度；

 为什么要控制滴定速度？

④ 以 $KMnO_4$ 自身做指示剂，溶液出现微红色保持半分钟不褪即为终点。

在氧化还原滴定中常用的指示剂有三类：自身指示剂、专属指示剂、氧化还原指示剂（常见的氧化还原指示剂见附录五）。

活动四　计算 $KMnO_4$ 溶液浓度

$$c\left(\frac{1}{5}KMnO_4\right) = \frac{m}{(V-V_0) \times 10^{-3} \times M\left(\frac{1}{2}Na_2C_2O_4\right)} \quad (4-1)$$

式中　$c\left(\frac{1}{5}KMnO_4\right)$——$KMnO_4$ 标准滴定溶液浓度，$mol \cdot L^{-1}$；

　　　m——称取草酸钠的质量，g；

　　　V——实际消耗 $KMnO_4$ 溶液体积，mL；

　　　V_0——空白试验消耗 $KMnO_4$ 溶液的体积，mL；

$M\left(\frac{1}{2}Na_2C_2O_4\right)$——$\frac{1}{2}Na_2C_2O_4$ 的摩尔质量，$g \cdot mol^{-1}$。

 用 $Na_2C_2O_4$ 标定 $KMnO_4$ 溶液，滴定开始时反应速率较慢，反应开始以后红色褪去较快（反应速率较快），为什么？

知识窗

高锰酸钾消毒作用

高锰酸钾又称过锰酸钾、灰锰氧、PP 粉，紫色结晶，易溶于水，具有强氧化性，见光易分解，在日常生活和医药上应用广泛，常用于除臭、消毒。

高锰酸钾与有机物如脓血、腐烂组织接触后消毒效果会减弱，而过高的浓度会有刺激腐蚀作用，故在使用时，不同浓度的高锰酸钾溶液用处也不同。

通常用 0.1% 高锰酸钾水溶液冲洗感染创面，治疗膀胱炎，消毒水果、食物和食具；以 1∶(10000～5000) 水溶液用于洗胃；漱口用 0.05% 水溶液；0.02% 溶液用于妇科坐浴；0.01%～0.02% 溶液用于眼科；1% 的溶液则用于冲洗毒蛇咬伤的伤口。

高锰酸钾放出氧的速度慢，浸泡时间一定要达到 5min 才能杀死细菌。由于其作用短暂，需要时临时配制，也不宜加热、久置，加热会使其失效。

任务二　测定过氧化氢含量

任务目标

1. 了解高锰酸钾法测定 H_2O_2 含量的原理；
2. 能熟练使用滴定管、移液管等滴定分析仪器；

3. 会用高锰酸钾法测定 H_2O_2 含量;
4. 能正确记录、处理测定数据。

想一想 试样中过氧化氢的含量约为30%，如何用高锰酸钾标准溶液测定？

在酸性溶液中用 $KMnO_4$ 标准溶液直接测定 H_2O_2 的含量。测定反应为：

$$5H_2O_2 + 2MnO_4^- + 6H^+ =\!=\!= 2Mn^{2+} + 5O_2\uparrow + 8H_2O$$

以 $KMnO_4$ 自身为指示剂，滴定至溶液呈粉红色保持半分钟不褪即为终点。

活动一 准备仪器和试剂

仪器准备

分析天平、棕色试剂瓶、酸式或酸碱两用棕色滴定管、锥形瓶、25mL 移液管、常用玻璃仪器。

试剂准备

$c\left(\dfrac{1}{5}KMnO_4\right) = 0.1\,mol\cdot L^{-1}$ $KMnO_4$ 标准滴定溶液、$c(H_2SO_4) = 3\,mol\cdot L^{-1}$ 的 H_2SO_4 溶液（在搅拌下将 83mL 浓 H_2SO_4 加入到 417mL 水中）。

活动二 测定操作

操作步骤

① 准确移取 2mL（或准确称取 2g）30% H_2O_2 试样;
② 注入装有 180mL 蒸馏水的 250mL 容量瓶中;
③ 平摇一次加水稀释至刻度，充分混匀;
④ 准确移取 25.00mL 上述试液置于 250mL 锥形瓶中;
⑤ 加 20mL $3\,mol\cdot L^{-1}$ H_2SO_4 溶液;
⑥ 高锰酸钾标准滴定溶液滴定到溶液呈微红色，保持 30s 不褪即为终点;
⑦ 记录消耗 $KMnO_4$ 溶液体积，平行测定 4 次，同时做空白试验。

记录测定数据

项 目	1	2	3	4
H_2O_2 试样质量/g				
$KMnO_4$ 溶液终点读数/mL				
$KMnO_4$ 溶液初始读数/mL				
消耗 $KMnO_4$ 溶液体积/mL				
滴定管校正 V/mL				
温度校正 V/mL				
实际消耗 $KMnO_4$ 溶液体积/mL				
空白试验消耗 $KMnO_4$ 溶液体积/mL				

项目四　过氧化氢含量测定

续表

项　目	1	2	3	4
$w(H_2O_2)/\%$				
$\overline{w}(H_2O_2)/\%$				
相对平均偏差				

活动三　计算 H_2O_2 的含量

$$w(H_2O_2) = \frac{c\left(\frac{1}{5}KMnO_4\right)(V-V_0) \times 10^{-3} \times M\left(\frac{1}{2}H_2O_2\right)}{m \times \frac{25}{250}} \times 100\% \quad (4-2)$$

$$\rho(H_2O_2) = \frac{c\left(\frac{1}{5}KMnO_4\right)(V-V_0) \times 10^{-3} \times M\left(\frac{1}{2}H_2O_2\right)}{V(H_2O_2) \times \frac{25}{250}} \times 1000 \quad (4-3)$$

式中　$w(H_2O_2)$——试样中 H_2O_2 的质量分数，%；

$\rho(H_2O_2)$——过氧化氢的质量浓度，g/L；

$c\left(\frac{1}{5}KMnO_4\right)$——$\frac{1}{5}KMnO_4$ 标准滴定溶液浓度，$mol \cdot L^{-1}$；

V——实际消耗 $KMnO_4$ 标准滴定溶液的体积，mL；

V_0——空白试验消耗 $KMnO_4$ 标准滴定溶液的体积，mL；

m——H_2O_2 试样的质量，g；

$V(H_2O_2)$——H_2O_2 试样的体积，mL；

$M\left(\frac{1}{2}H_2O_2\right)$——$\frac{1}{2}H_2O_2$ 的摩尔质量，$g \cdot mol^{-1}$。

讨论与交流　　高锰酸钾与 H_2O_2 反应较慢，用高锰酸钾标准溶液测定 H_2O_2 含量时，能否用加热溶液的方法来加快反应速率？为什么？

知识窗

双氧水的美容功能

双氧水具有较强的渗透性和氧化性，医学上常用双氧水来清洗创口和局部抗菌。双氧水不仅是一种医药用品，还是一种极好的美容佳品。

用双氧水敷面不仅能去除皮肤的污垢，还能直接为皮肤增强表面细胞的活性，抑制和氧化黑色素的沉着，使皮肤变得细腻有弹性。另外，双氧水还有淡化毛发颜色的功能，对于那些因汗毛过长而影响美观的女性，可在脱毛后，用双氧水直接涂于皮肤上，每日2次，这样日后长出的汗毛就不会变黑变粗，而会变得柔软且颜色为淡黄。

用双氧水做美容，一定要事先征求皮肤科医生的意见，直接用双氧水美白是相当危险的。虽然会让皮肤短时间内变白，但时间长了却会对皮肤造成强烈刺激，严重的可能烧坏表皮层，让皮肤变粗糙、长疱。

用双氧水美容的方法是：先用洗面奶把脸洗干净，然后用毛巾蘸上3%的双氧水敷于面部，每次5min，每日1次，10天为一疗程，在操作时应注意避免双氧水进入眼睛。

延伸与拓展

其他氧化还原滴定法简介

任务目标

1. 了解氧化还原滴定法的类型;
2. 了解重铬酸钾法、碘量法的原理、特点、滴定条件、应用。

想一想：什么是重铬酸钾法?什么是碘量法?测定条件有何不同?

氧化还原滴定可以用氧化剂作为滴定剂,也可用还原剂作为滴定剂,因此有多种方法,根据所用滴定剂的不同分为高锰酸钾法、重铬酸钾法、碘量法、溴酸钾法、硫酸铈法等。

重铬酸钾法简介

重铬酸钾法是以 $K_2Cr_2O_7$ 为氧化剂的一种氧化还原滴定法。$K_2Cr_2O_7$ 是一种常用的氧化剂,它具有较强的氧化性,在酸性介质中 $Cr_2O_7^{2-}$ 被还原为 Cr^{3+},其电极反应如下:

$$Cr_2O_7^{2-} + 14H^+ + 6e^- \rightleftharpoons 2Cr^{3+} + 7H_2O \qquad \varphi^{\ominus}(Cr_2O_7^{2-}/Cr^{3+}) = 1.33V$$

$K_2Cr_2O_7$ 易提纯,可以制成基准物质,在 140~150℃干燥 2h 后,可直接称量,配制标准溶液;$K_2Cr_2O_7$ 标准溶液相当稳定,保存在密闭容器中,浓度可长期保持不变;$K_2Cr_2O_7$ 法可在盐酸介质中进行滴定。$Cr_2O_7^{2-}$ 的滴定还原产物是 Cr^{3+},呈绿色,滴定时须用氧化还原指示剂指示滴定终点。

$K_2Cr_2O_7$ 标准滴定溶液一般用直接法配制,但在配制前应将 $K_2Cr_2O_7$ 基准试剂在 105~110℃温度下烘至恒重。

重铬酸钾法的应用包括:铁矿石中全铁含量的测定,水中化学耗氧量的测定等。

碘量法简介

碘量法是利用碘的氧化性、碘离子的还原性测定物质含量的氧化还原滴定法。其基本反应为:

$$I_3^- + 2e^- \rightleftharpoons 3I^- \qquad \varphi^{\ominus}(I_3^-/I^-) = 0.545V$$

从 $\varphi^{\ominus}$ 值可以看出,I_2 是较弱的氧化剂;I^- 是中等强度的还原剂。因此碘量法可以用直接或间接两种方式进行。

(1) 直接碘量法(又称碘滴定法) 用 I_2 配成的标准滴定溶液可以直接测定电位值比 $\varphi^{\ominus}(I_3^-/I^-)$ 小的还原性物质,如 S^{2-}、SO_3^{2-}、Sn^{2+}、$S_2O_3^{2-}$、As^{3+}、维生素 C 等。此法必须在微酸性或中性溶液中进行。

(2) 间接碘量法 利用 I^- 的还原性(通常使用 KI)与氧化性物质反应生成游离的

碘，再用还原剂（$Na_2S_2O_3$）的标准滴定溶液滴定，从而测出氧化性物质含量的方法，又称滴定碘法。间接碘量法的基本反应为：

$$2I^- - 2e^- \rightleftharpoons I_2$$
$$I_2 + 2S_2O_3^{2-} \rightleftharpoons S_4O_6^{2-} + 2I^-$$

此法可以测定很多氧化性物质，如 Cu^{2+}、$Cr_2O_7^{2-}$、IO_3^-、BrO_3^-、AsO_4^{3-}、ClO^-、NO_2^-、H_2O_2、MnO_4^- 和 Fe^{3+} 等。间接碘量法多在中性或弱酸性溶液中进行。

碘量法一般用淀粉指示剂，直接碘量法应在滴定开始时加入淀粉指示剂，溶液出现蓝色为终点。间接碘量法应滴定至近终点时加入淀粉指示剂，深蓝色消失即为终点。

碘量法误差主要来源于两个方面：一是 I_2 易挥发；二是在酸性溶液中 I^- 易被空气中的 O_2 氧化。为了防止 I_2 挥发和空气中氧氧化 I^-，测定时要加入过量的 KI，使 I_2 生成 I_3^-，并使用碘瓶，滴定时不要剧烈摇动，以减少 I_2 的挥发。由于 I^- 被空气氧化的反应，随光照及酸度增高而加快，因此在反应时，应将碘量瓶置于暗处；滴定前调节好酸度，析出 I_2 后立即进行滴定。

碘量法中需要的标准溶液有 I_2 和 $Na_2S_2O_3$ 两种，一般是采用间接法配制。

碘量法应用实例包括：水中溶解氧的测定、胆矾中硫酸铜含量测定等。

最早的氧化还原滴定法

氧化还原滴定法始于18世纪末，在其发展过程中滴定仪器也不断得到改进。特别是有了适宜的指示剂以后，在19世纪这种滴定方法才占有了重要地位。

氧化还原滴定法的产生与以下两种因素有关。一是舍勒于1774年发现了氯气，以后氯气应用到纺织工业中代替了日晒漂白法。而其漂白质量好坏，与次氯酸盐的浓度大小有直接关系，需要测定次氯酸盐溶液浓度的滴定法。1795年法国人德克劳西以靛蓝的硫酸溶液滴定次氯酸，至溶液颜色变绿为止，成为最早的氧化还原滴定法。以后在1826年比拉狄厄（H. dela Billardi-ere）制得碘化钠，以淀粉为指示剂，用于次氯酸钙滴定，开创了碘量法的应用和研究。从此这种分析方法得到发展和完善。19世纪40年代以来又发展出高锰酸钾法、重铬酸钾法等多种利用氧化还原反应和特定指示剂相结合的滴定方法，使容量分析迅速得到发展。

摘自《分析化学的发展》

项目小结

$KMnO_4$ 法原理
$KMnO_4$ 标准溶液配制
测定 H_2O_2 含量
延伸与拓展——其他氧化还原滴定法简介
  ① $K_2Cr_2O_7$ 法简介（原理、条件、应用）
  ② 碘量法简介（原理、条件、应用）

一、判断题（对的打"√"，错的打"×"）

1. H_2O_2 既是氧化剂，又是还原剂。（　　）
2. 用高锰酸钾测定 H_2O_2 时，必须将 H_2O_2 试液加热至 75～85℃。（　　）
3. 高锰酸钾标准滴定溶液用间接法配制，用 Na_2CO_3 基准物质标定。（　　）
4. 高锰酸钾法必须在硫酸酸性溶液中进行。（　　）
5. 高锰酸钾与 H_2O_2 反应时，H_2O_2 是氧化剂，高锰酸钾是还原剂。（　　）
6. 直接碘量法以淀粉为指示剂，终点时溶液的颜色由蓝色变为无色。（　　）
7. 碘量法必须在中性或弱酸性介质中进行滴定。（　　）

二、选择题

1. 下列有关氧化还原反应的叙述不正确的是（　　）。
   A. 反应物之间有电子的转移
   B. 反应物和生成物的反应系数一定要相等
   C. 氧化剂得电子总数与还原剂失电子总数相等
2. 电极电位对判断氧化还原反应很有作用，但是它不能判断（　　）。
   A. 氧化还原反应发生的方向　　　　B. 氧化还原反应的速率
   C. 氧化还原反应的次序　　　　　　D. 氧化还原能力的大小
3. 标定 $KMnO_4$ 标准溶液时，最常用的基准物质是（　　）。
   A. $K_2Cr_2O_7$　　　B. $Na_2C_2O_4$　　　C. $CaCO_3$　　　D. KIO_3
4. $KMnO_4$ 法测定 H_2O_2 含量时，调节酸度必须使用（　　）。
   A. 盐酸　　　　B. 硫酸　　　　C. 硝酸　　　　D. 磷酸
5. $KMnO_4$ 标准溶液作为滴定剂时，必须盛装在（　　）滴定管中。
   A. 无色酸式　　B. 棕色碱式　　C. 无色碱式　　D. 棕色酸式
6. 用草酸钠标定 $KMnO_4$ 溶液时，用（　　）做指示剂；碘量法一般用（　　）做指示剂。
   A. 二苯胺磺酸钠　　B. $KMnO_4$ 自身　　C. 淀粉　　D. 铬黑 T
7. 标定下列标准溶液必须使用碘量瓶的是（　　）。
   A. EDTA 溶液　　B. $KMnO_4$ 溶液　　C. NaOH 溶液　　D. $Na_2S_2O_3$ 溶液
8. 在间接碘量法中，加入淀粉指示剂的适宜时间是（　　）。
   A. 滴定开始时　　　　　　　　　B. 滴入标准溶液近 50% 时
   C. 滴定到近终点时　　　　　　　D. 滴入标准溶液至 80% 时
9. 碘量法中为防止 I_2 挥发，应采取的措施是（　　）。
   A. 加入过量 KI　　　　　　　　B. 滴定时剧烈摇动
   C. 在碱性介质中滴定　　　　　　D. 使用碘量瓶

三、填空题

1. 电极电位的大小是标志_____能力大小的重要物理量，电极电位愈高，其氧化型_____能力愈强；电极电位愈低，其还原型_____能力愈强。
2. $KMnO_4$ 标准滴定溶液应采用_____方法配制。用 $Na_2C_2O_4$ 基准物质标定 $KMnO_4$

溶液浓度时，以_____为指示剂，滴定适宜的温度为_____℃，该滴定适宜的酸浓度是_____。

3. 在强酸性介质中，KMnO₄ 被还原为_____；在中性或弱碱性介质中被还原为_____；在强碱性介质中被还原为_____。

4. 用 Na₂C₂O₄ 标定 KMnO₄ 溶液，终点时微红色不能持久的原因是_____所致，因此，一般只要微红色在_____min 以内不褪色，便可认为终点已到。

5. 间接碘量法是利用_____与_____反应，定量析出_____，然后用_____标准溶液滴定析出的_____，从而测出被测组分含量的方法。

四、计算题

1. 配制 $c\left(\frac{1}{5}KMnO_4\right)=0.1 \text{mol} \cdot L^{-1}$ 的 $KMnO_4$ 溶液 500mL，应称取固体 $KMnO_4$ 多少克？若以 $Na_2C_2O_4$ 为基准物质标定（约消耗 $KMnO_4$ 溶液 25mL），应称取 $Na_2C_2O_4$ 多少克？$[M\left(\frac{1}{2}Na_2C_2O_4\right)=67.00 \text{g} \cdot \text{mol}^{-1}；M\left(\frac{1}{5}KMnO_4\right)=31.606 \text{g} \cdot \text{mol}^{-1}]$

2. 吸取 H_2O_2 试液 5.00mL，加 25mL 水稀释后，用 $c\left(\frac{1}{5}KMnO_4\right)=0.09990 \text{mol} \cdot L^{-1}$ $KMnO_4$ 标准滴定溶液滴定到终点，消耗 24.62mL $KMnO_4$ 标准溶液，计算试液中 H_2O_2 的含量（用 ρ，$g \cdot L^{-1}$ 表示）。$[M\left(\frac{1}{2}H_2O_2\right)=17.01 \text{g} \cdot \text{mol}^{-1}]$

3. 称取 $FeSO_4$ 试样 0.9285g，加水溶解后，用 $c\left(\frac{1}{5}KMnO_4\right)=0.1053 \text{mol} \cdot L^{-1}$ 的高锰酸钾标准滴定溶液滴定至终点，消耗 26.72mL。计算试样中 $FeSO_4$ 的含量（以质量分数表示）。已知 $[M(FeSO_4)=151.9 \text{g} \cdot \text{mol}^{-1}]$；测定反应方程式为：

$$MnO_4^- + 5Fe^{2+} + 8H^+ \rightleftharpoons Mn^{2+} + 5Fe^{3+} + 4H_2O$$

五、问答题

1. 碘量法的主要误差来源是什么？有哪些预防措施？
2. 在直接碘量法和间接碘量法中，淀粉指示液的加入时间和终点颜色变化有何不同？

*项目五　水中 Cl^- 含量测定

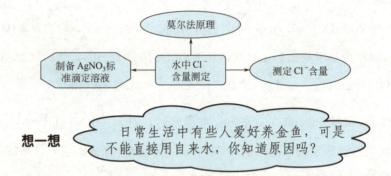

想一想　日常生活中有些人爱好养金鱼，可是不能直接用自来水，你知道原因吗？

自来水采用液氯消毒，含有氯化物。河水、湖水、水库水等天然水中的氯化物，来源于流过含氯化物的地层水、海洋水、生活污水及工业废水的污染。水中氯化物含量是水质指标之一，水中氯化物的测定一般采用银量法。

所谓银量法是指利用生成难溶性银盐的反应进行沉淀滴定的方法。沉淀滴定法是利用沉淀反应来进行滴定分析的方法。用于滴定分析的沉淀反应必须符合下列条件：

① 沉淀反应进行的速度要快，生成的沉淀溶解度要小；
② 沉淀组成一定，反应能定量进行；
③ 能够用适当的指示剂或其他方法指示滴定终点。

根据滴定方式的不同，银量法可分为直接滴定法和返滴定法两类；按照所选用指示剂的不同，银量法又可分为莫尔法、佛尔哈德法、法扬司法三种。

水中 Cl^- 含量测定通常采用莫尔法。莫尔法是以 K_2CrO_4 作为指示剂，用 $AgNO_3$ 标准滴定溶液进行滴定的银量法。

任务一　制备硝酸银标准滴定溶液

任务目标

1. 了解莫尔法基本原理；
2. 能正确配制及标定硝酸银标准滴定溶液；
3. 能正确判断滴定终点；
4. 能正确计算硝酸银标准滴定溶液浓度。

*项目五 水中 Cl^- 含量测定

想一想：在含有相同浓度的 Cl^- 和 CrO_4^{2-} 的溶液中，逐滴加入 $AgNO_3$ 溶液，哪一种离子先沉淀？

$AgNO_3$ 标准滴定溶液一般用间接法配制，以 NaCl 作为基准物质，用莫尔法标定。标定反应式为：

$$AgNO_3 + NaCl \longrightarrow AgCl\downarrow（白色）+ NaNO_3$$

活动一　准备仪器和试剂

仪器准备

棕色酸式滴定管（50mL）、分析天平、锥形瓶、棕色试剂瓶、托盘天平、烧杯、量筒。

试剂准备

$AgNO_3$（A.R.）、NaCl（基准物质）、K_2CrO_4 指示液（50g·L^{-1} 水溶液）。

活动二　配制 0.1mol·L^{-1} $AgNO_3$ 标准滴定溶液

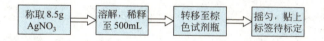

称取 8.5g $AgNO_3$ → 溶解，稀释至 500mL → 转移至棕色试剂瓶 → 摇匀，贴上标签待标定

活动三　标定 $AgNO_3$ 标准滴定溶液

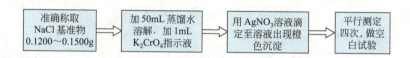

准确称取 NaCl 基准物 0.1200～0.1500g → 加 50mL 蒸馏水溶解，加 1mL K_2CrO_4 指示液 → 用 $AgNO_3$ 溶液滴定至溶液出现橙色沉淀 → 平行测定四次，做空白试验

注意事项

1. $AgNO_3$ 溶液具有腐蚀性，切勿接触皮肤。
2. 滴定过程中，应充分摇动试液。
3. 滴定完毕后盛装 $AgNO_3$ 溶液的滴定管应用蒸馏水洗涤。

记录测定数据

项　　目	1	2	3	4
倾样前称量瓶＋NaCl 质量/g				
倾样后称量瓶＋NaCl 质量/g				
NaCl 质量 m/g				
$AgNO_3$ 溶液终点读数/mL				
$AgNO_3$ 溶液初始读数/mL				

续表

项 目	1	2	3	4
消耗 $AgNO_3$ 溶液体积/mL				
温度校正值 V(温度校正)/mL				
滴定管校正值 V(滴定管校正)/mL				
实际消耗 $AgNO_3$ 溶液体积 V/mL				
空白试验消耗 $AgNO_3$ 溶液体积 V_0/mL				
$c(AgNO_3)$/mol·L^{-1}				
$\bar{c}(AgNO_3)$/mol·L^{-1}				
相对平均偏差				

了解莫尔法基本原理

在中性或弱碱性介质中，以 K_2CrO_4 为指示剂，用 $AgNO_3$ 标准滴定溶液直接滴定卤素离子。例如：

$$Ag^+ + Cl^- \longrightarrow AgCl\downarrow （白色）$$

当 AgCl 定量沉淀后，过量半滴 $AgNO_3$ 溶液与 CrO_4^{2-} 作用生成砖红色的 Ag_2CrO_4 沉淀，此时沉淀变为橙色即达终点。

$$2Ag^+ + CrO_4^{2-} \longrightarrow Ag_2CrO_4\downarrow （砖红色）$$

莫尔法可以直接测定 Cl^-、Br^-，间接测定 Ag^+，不宜测定 I^- 和 SCN^-。

活动四 计算 $AgNO_3$ 标准滴定溶液的浓度

计算公式为：

$$c(AgNO_3) = \frac{m}{(V-V_0)\times 10^{-3} M(NaCl)} \qquad (5-1)$$

式中 $c(AgNO_3)$——$AgNO_3$ 标准滴定溶液浓度，mol·L^{-1}；

m——称取 NaCl 的质量，g；

V——实际消耗 $AgNO_3$ 溶液体积，mL；

V_0——空白试验消耗 $AgNO_3$ 溶液体积，mL；

$M(NaCl)$——NaCl 的摩尔质量，g·mol^{-1}。

 讨论与交流

1. 滴定完毕盛装 $AgNO_3$ 溶液的滴定管为什么用蒸馏水洗净？
2. 用 $AgNO_3$ 溶液滴定氯化钠过程中为什么要充分摇动溶液？

任务二 测定水中 Cl^- 含量

任务目标

1. 了解氯化物含量的测定原理；

2. 能用 $AgNO_3$ 标准溶液测定氯化物的含量;
3. 正确判断滴定终点;
4. 能正确计算 Cl^- 含量。

想一想　　工业用水为何要控制水中氯含量？如何测定？

在中性或弱碱性溶液中，以铬酸钾作为指示剂，用硝酸银标准滴定溶液直接滴定水样中的 Cl^-，当出现砖红色沉淀时即为终点。

活动一　准备仪器和试剂

仪器准备

棕色酸式滴定管（50mL）、移液管（100mL、25mL）、烧杯、锥形瓶。

试剂准备

$c(AgNO_3)=0.1mol·L^{-1}$ $AgNO_3$ 标准滴定溶液、K_2CrO_4 指示液（$50g·L^{-1}$ 水溶液）。

活动二　测定操作

操作步骤

移取 100.00 mL 水 → 加入 K_2CrO_4 指示液 → 用 $AgNO_3$ 溶液滴定至溶液呈砖红色 → 记录消耗 $AgNO_3$ 溶液的体积 → 平行测定三次，做空白试验

记录测定数据

项目	1	2	3
移取水样体积 V(水样)/mL			
$AgNO_3$ 溶液终点读数/mL			
$AgNO_3$ 溶液初始读数/mL			
消耗 $AgNO_3$ 溶液体积/mL			
温度校正值 V(温度校正)/mL			
滴定管校正值 V(滴定管校正)/mL			
实际消耗 $AgNO_3$ 溶液体积 V/mL			
空白试验消耗 $AgNO_3$ 溶液体积 V_0/mL			
$\rho(Cl^-)/g·L^{-1}$			
$\bar{\rho}(Cl^-)/g·L^{-1}$			
相对平均偏差			

化工分析

活动三 计算水中氯化物含量

计算公式为：

$$\rho(Cl^-) = \frac{c(AgNO_3) \times (V - V_0) \times M(Cl)}{V(水样)} \qquad (5\text{-}2)$$

式中 $\rho(Cl^-)$——水样中 Cl^- 的质量浓度，$g \cdot L^{-1}$；

$c(AgNO_3)$——$AgNO_3$ 标准滴定溶液浓度，$mol \cdot L^{-1}$；

V——实际消耗 $AgNO_3$ 标准滴定溶液体积，mL；

V_0——空白试验消耗 $AgNO_3$ 标准滴定溶液体积，mL；

$V(水样)$——水样体积，mL；

$M(Cl)$——Cl 的摩尔质量，$g \cdot mol^{-1}$。

讨论与交流
1. 为什么莫尔法必须在中性或弱碱性溶液中进行？
2. $AgNO_3$ 沾污的器皿和白瓷水槽可以用什么洗液洗净？

知识窗

银离子消毒

银是人类最早使用的金属之一。先人们早就知道这种金属拥有神奇的净化能力：2500 年前的波斯国王赛鲁大帝（Cyrus the Great）曾命令其所有部队用银罐子盛水，因为银器盛放的水比其他容器的干净；古罗马时期，硝酸银就被当作药品来使用；我国内蒙古草原上的牧民早就注意到，用银碗盛放的马奶，几天后也不会变酸。

银离子具有高强的杀菌本领。每升水中只要含有五千万分之一毫克的银离子，便可使水中大部分细菌致死。因为，Ag^+ 可以与细菌体中蛋白酶上的巯基（—SH），结合在一起，使蛋白酶丧失活性，导致细菌死亡。

由于银的杀菌能力很强，而微量的银对人体是无害的，WHO（世界卫生组织）规定银对人体的安全值为 $0.05\mu g \cdot g^{-1}$ 以下，饮用水中银离子的限量为 $0.05 mg \cdot L^{-1}$。在现代药典中，先后收载过硝酸银、蛋白银、矽炭银、磺胺嘧啶银四个含银药物，用于眼结膜炎、淋病、膀胱炎、痢疾、肠炎、烧伤等疾病的治疗。目前世界上很多航空公司已使用银制的滤水器，许多国家的游泳池也用银来净化，净化后的水不会像使用化学药品净化的水那样刺激游泳者的眼睛和皮肤。

项目小结

银量法
莫尔法及其原理
$AgNO_3$ 标准溶液的制备

> ● $AgNO_3$ 标准溶液配制
> ● $AgNO_3$ 标准溶液标定

水中 Cl^- 含量测定

一、判断题（对的打"√"，错的打"×"）

1. 莫尔法可用于测定 I^-。（   ）
2. 莫尔法使用的标准溶液是 $AgNO_3$ 溶液。（   ）
3. 莫尔法测定 Cl^- 含量时，应在强酸性介质中进行，否则会产生误差。（   ）
4. 在莫尔法中，指示剂加入量的多少对测定结果没有影响。（   ）

二、选择题

1. 利用莫尔法测定 Cl^- 含量时，要求介质的 pH 值在 6.5～10.5，若酸度过高，则（   ）。
   A. AgCl 沉淀不完全   B. AgCl 沉淀吸附 Cl^- 能力增强
   C. Ag_2CrO_4 沉淀不易形成   D. 形成 Ag_2O 沉淀

2. 莫尔法确定终点的指示剂是（   ）。
   A. K_2CrO_4 B. $K_2Cr_2O_7$ C. $NH_4Fe(SO_4)_2$ D. 荧光黄

3. 应用莫尔法滴定时酸度条件是（   ）。
   A. 酸性   B. 弱酸性   C. 中性或弱碱性   D. 强碱性

三、计算题

1. 称取纯的 KCl 0.1850g，溶于水后，恰好与 24.85mL $AgNO_3$ 溶液定量反应，求 $AgNO_3$ 溶液的浓度。$[M(KCl)=74.55g \cdot mol^{-1}]$

2. 用移液管准确移取 NaCl 溶液 25.00mL，加入 K_2CrO_4 指示剂，用 $c(AgNO_3)=0.1048mol \cdot L^{-1}$ 的 $AgNO_3$ 溶液滴定至终点，用去 22.41mL，计算每升溶液中含 NaCl 多少克？$[M(NaCl)=58.44g \cdot mol^{-1}]$

项目六　直接电位法测定溶液 pH

学习导向

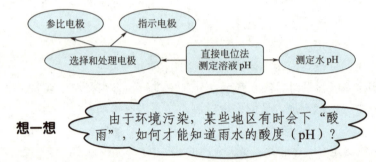

想一想　由于环境污染，某些地区有时会下"酸雨"，如何才能知道雨水的酸度（pH）？

用 pH 试纸法和酸碱指示剂法测定溶液 pH，精度不高，而且无法测定有色、浑浊溶液。例如测定人体血液 pH（在 7.35～7.45），用上述方法就无法满足要求，而用直接电位法测定就可以解决这个问题。

直接电位法是基于测量原电池的电动势，直接求得被测组分含量的一种分析方法。原电池（如图 6-1 所示）是由两支电极、容器和适当的电解质溶液构成的。

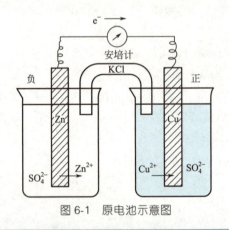

图 6-1　原电池示意图

任务一　选择和处理电极

任务目标

1. 了解电位分析法基本知识；
2. 了解常用的参比电极和指示电极；
3. 会处理和使用甘汞电极和 pH 玻璃电极。

项目六 直接电位法测定溶液 pH

想一想：直接电位法测定溶液 pH 需要使用什么电极？

活动一 选择电极

直接电位法测定溶液 pH 时，需要两支电极，其中一支电极为参比电极，另一支电极为指示电极。

参比电极

电极电位与溶液中被测离子的浓度无关，在一定条件下具有恒定数值的电极称为参比电极，常用的参比电极有甘汞电极和银-氯化银电极。

甘汞电极主要是由纯汞、Hg_2Cl_2-Hg 混合物和 KCl 溶液组成，当温度和 KCl 浓度一定时，其电极电位基本恒定。内充饱和 KCl 溶液的甘汞电极，称为饱和甘汞电极（SCE），如图 6-2 所示。

银-氯化银电极（如图 6-3 所示），主要是由银、氯化银和 KCl 溶液组成，当温度和 KCl 浓度一定时，其电极电位基本恒定。通常在 pH 玻璃电极和其他各种离子选择性电极中用作内参比电极，它在温度较高时电位仍稳定，在高温时可代替甘汞电极。

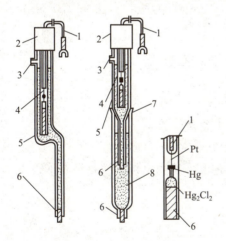

图 6-2 饱和甘汞电极

1—导线；2—绝缘帽；3—加液口；4—内电极；5—饱和 KCl 溶液；6—多孔性物质；7—可卸盐桥磨口套管；8—盐桥内充液（一般为饱和 KNO_3 溶液）

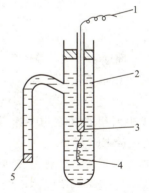

图 6-3 银-氯化银电极

1—导线；2—KCl 溶液；3—Hg；4—镀 AgCl 的 Ag 丝；5—多孔性物质

在测定溶液 pH 时一般选择饱和甘汞电极做参比电极。

指示电极

电极电位随溶液中被测离子浓度的变化而变化，能指示溶液中被测离子浓度变化的电极，称为指示电极。常见的有金属-金属离子电极（如铜电极）、金属-金属难溶盐电极（如

Ag-AgCl 电极)、惰性金属电极(如 Pt 电极)、pH 玻璃电极等。

pH 玻璃电极如图 6-4 所示,其关键部位是电极下端的球形玻璃膜(如图 6-5 所示),玻璃电极膜与试液接触时会产生与待测溶液 pH 有关的膜电位。25℃时膜电位表示为:

$$\varphi_{膜} = K - 0.0592 \text{pH} \tag{6-1}$$

25℃时玻璃电极的电位为:

$$\varphi_{玻} = K_{玻} - 0.0592 \text{pH} \tag{6-2}$$

玻璃电极能指示溶液 pH 的变化,因此在测定溶液 pH 时选择 pH 玻璃电极做指示电极。在工业上也常用如图 6-6 所示的 pH 玻璃复合电极做测量电极。

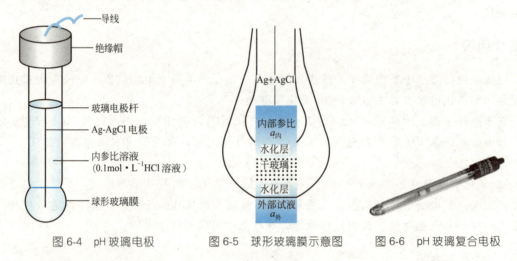

图 6-4 pH 玻璃电极   图 6-5 球形玻璃膜示意图   图 6-6 pH 玻璃复合电极

活动二 处理电极

(1) 处理饱和甘汞电极

① 使用前取下电极下端口和上侧加液口小胶帽。

② 检查电极内饱和 KCl 溶液是否浸没内电极,若不足要补加。

③ 电极所用的 KCl 内参比溶液用 AgCl 饱和。检查电极下端是否有 KCl 晶体,否则由上液口加少量 KCl 晶体。

④ 检查玻璃弯管处有无气泡,若有将其除去。

⑤ 检查电极下端陶瓷芯毛细管是否畅通。检查方法是:先将电极外部擦干,再用滤纸紧贴磁芯下端片刻,若滤纸上出现湿印,则毛细管畅通。

(2) 处理 pH 玻璃电极

① 使用前将玻璃电极在蒸馏水中浸泡 24h 以上。

② 玻璃电极表面若被沾污,可用稀盐酸或乙醇清洗,最后浸在蒸馏水中。

注意事项

1. 饱和甘汞电极只能测定 80℃以下的溶液,且不宜在温度变化大的环境中使用。
2. 电极应垂直置于溶液中,内参比溶液应高于待测溶液液面。
3. 注意用电安全,切勿用湿手开关电源。

讨论与交流　甘汞电极和银-氯化银电极是常用的参比电极，它们能否用作指示电极？

知识窗

酶电极

酶电极是指电极敏感膜表面覆盖有一层很薄的含酶凝胶或悬浮液的离子选择电极。酶电极具有选择性好，测量速度快，使用方便，不破坏样品等特点，特别是能用于生物溶液活体组织中某组分的连续监控，从而在生化研究等方面发挥重要的作用。

电极设计中包括一种酶，专门用来测定该酶所催化的反应中反应物或产物。酶一般放置在电极周围的间质中或电极周围玻璃膜中。如将固定化葡萄糖氧化酶凝胶膜包在电极敏感膜上，就构成酶电极，它放入葡萄糖溶液中可测定葡萄糖的含量。

任务二　测定水 pH

任务目标

1. 了解直接电位法测定溶液 pH 的原理；
2. 学会使用和简单维护酸度计；
3. 会选用 pH 标准缓冲溶液；
4. 能用酸度计测定溶液 pH。

想一想　水pH值过低腐蚀管道，过高形成水垢，影响氯的消毒效果，影响水质；饮用水pH过高或过低，影响口感及人体健康，如何测定水pH？

pH 测定是水的重要检验项目之一，是评价水质的一个重要指标。生活用水、工业用水、污水的排放，都需测定 pH，一般采用直接电位法，此法测定 pH 需要一种专门的仪器——酸度计。

看一看

不同型号的酸度计

化工分析

了解酸度计

酸度计是一种高阻抗的电子管或晶体管式的直流毫伏计,它既可用于测量溶液的 pH,又可以用作毫伏计测量电池的电动势。目前应用较为广泛的是数字式 pHS-3 系列精密酸度计,图 6-7 所示为 pHS-3F 型酸度计。

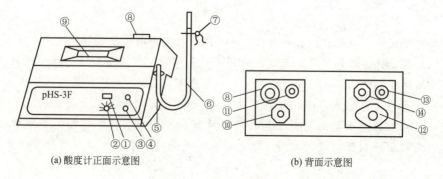

(a) 酸度计正面示意图　　　　(b) 背面示意图

图 6-7　pHS-3F 型酸度计

图 6-7 中数字指示的部件解释如下。

① mV-pH 按键开关　当按键在"pH"位置时,仪器用于 pH 的测量;当按键在"mV"位置时,仪器用于测量电池电动势,此时"温度"调节器、"定位"调节器和"斜率"调节器无作用。

②"温度"调节器　用于调节所测量溶液的温度。

③"斜率"调节器　用于调节电极系数,使仪器能精确地测量溶液 pH。

④"定位"调节器　其作用是抵消待测离子活度为零时的电极电位。

⑤ 电极架座　用于插电极架立杆。

⑥ U 形电极架立杆　用于固定电极夹。

⑦ 电极夹　用于夹持电极。

⑧ 玻璃电极输入座。

⑨ 数字显示屏。

⑩ 调零电位器　在仪器接通电源后(电极暂不与仪器连接)若仪器显示不为"000",则可调此调节器使仪器显示正或负"000",然后再锁紧电位器。

⑪ 甘汞电极接线柱。

⑫ 仪器电源插座。

⑬ 电源开关。

⑭ 熔(保险)丝座。

pHS-3F 型酸度计的使用方法见操作步骤。

活动一　准备仪器和试剂

仪器准备

酸度计(pHS-3F 型或其他型号)、pH 玻璃电极、饱和甘汞电极,100mL 小烧杯(4

项目六　直接电位法测定溶液 pH

个）、洗瓶、水银温度计（0～100℃，一支）、容量瓶（250mL）。

试剂准备

25℃时 pH 值为 4.00、6.86 和 9.18 标准缓冲溶液、广泛 pH 试纸、采集两种未知 pH 的水样。

标准缓冲溶液配制方法，可用市售袋装的固体试剂按规定量用蒸馏水溶解稀释而成，也可按下法自行配制。

（1）pH＝4.00 标准缓冲液配制　称取在 110℃干燥 1h 的邻苯二甲酸氢钾 5.11g，用无 CO_2 水溶解并稀释至 500mL。贮于用所配溶液荡洗过的聚乙烯试剂瓶中贴上标签。

（2）pH＝6.86 的标准缓冲液配制　称取已于（120±10）℃下干燥 2h 的磷酸二氢钾 1.70g 和无水磷酸氢二钠 1.78g，用无 CO_2 水溶解并稀释至 500mL。贮于用所配溶液荡洗过的聚乙烯试剂瓶中贴上标签。

（3）pH＝9.18 的标准缓冲液配制　称取硼酸钠（$Na_2B_4O_7$）1.91g，用无 CO_2 水溶解并稀释至 500mL。贮于用所配溶液荡洗过的聚乙烯试剂瓶中，贴上标签。

标准缓冲溶液的 pH 与溶液的温度有关，常用的几种 pH 标准缓冲溶液在不同温度下的 pH 见附录六。

活动二　测定操作

操作指南

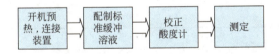

操作步骤

（1）酸度计使用前的准备

① 接通电源，酸度计预热 20min。

② 用蒸馏水清洗两电极需要插入溶液的部分，并用滤纸吸干电极外壁上的水。

③ 按图 6-8 连接好测定装置，pH 玻璃电极球泡高度略高于甘汞电极下端。

④ 将选择按键开关置"pH"位置。

（2）校正酸度计（二点校正法）

① 测量标准缓冲溶液温度，调节"温度"调节器，使所指示的温度刻度为标准缓冲溶液的温度。

② 取一洁净塑料试杯（或 100mL 烧杯）倒入 50mL 左右的 pH＝6.86（25℃）的标准缓冲溶液。

③ 将电极插入标准缓冲溶液中，小心轻摇几下试杯，以促使电极平衡。

④ 将"斜率"调节器顺时针旋足，调节"定位"调节器，使仪器显示值为该温度下此标准缓冲溶液的 pH（从附录六中

图 6-8　直接电位法测定溶液 pH 装置图

查得)。

⑤ 从标准缓冲溶液中取出电极,移去试杯,用蒸馏水清洗两电极,并用滤纸吸干电极外壁。

⑥ 另取一试杯,倒入约 50mL 另一种与待测试液 pH 相接近的标准缓冲溶液。

⑦ 将电极插入标准缓冲溶液中,轻摇几个试杯,调节"斜率"调节器,使仪器显示值为该温度下此标准缓冲溶液的 pH。

⑧ 重复(2)中②~④步骤,重新校正。

(3) 测定待测试液 pH

① 将电极从标准缓冲溶液中取出,移去试杯,用蒸馏水清洗两电极,并用滤纸吸干。

② 再取一洁净试杯(或 100mL 小烧杯),倒入 50mL 左右试液,用水银温度计测量试液的温度,并将"温度"调节器置于此温度位置上。

③ 将电极插入被测试液中,轻摇试杯使溶液均匀,电极平衡。

④ 待数字显示稳定后读取并记录试液的 pH。平行测定两次。按步骤(2)、(3) 测量另一未知试液的 pH。

⑤ 测定结束,关闭电源,取出、清洗电极,将电极、仪器复原,擦净工作台,填写仪器使用记录。

注意事项

1. 玻璃电极膜很易破碎,使用时要小心。
2. 电极插入深度以球泡浸没溶液为限,不能触及杯底。
3. 在测量试液时不能再动"定位"和"斜率"调节器。
4. 注意用电安全,正确排放废液。

记录测定数据

水样	实验次数	测定值(pH)	平均值
A 样	第一次		
	第二次		
B 样	第一次		
	第二次		

了解测定原理

玻璃电极和饱和甘汞电极同时插入待测液,组成如图 6-9 所示的工作电池:

玻璃电极|试液溶液||饱和甘汞电极

25℃时,电池的电动势为:

$$E_{电池} = K' + 0.0592 pH_{试} \quad (6-3)$$

式中的 K' 在一定条件下是无法知道的常数,因此要用已知 pH 的标准缓冲溶液进行校正。通过分别测量用标准缓冲溶液和试液组成工作电池的电动势(E_s 和 E_x),就可以求出试液的 pH。

25℃时

$$pH_x = pH_s + (E_x - E_s)/0.0592 \quad (6-4)$$

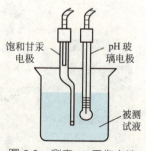

图 6-9 测定 pH 工作电池

项目六　直接电位法测定溶液 pH

讨论与交流

1. 测定试液 pH 前，为何要对酸度计进行"定位"、"定斜率"？
2. 请你设计一个测定雨水 pH 的方案。

知识窗

人体 pH 与健康

　　我们通常讲人体 pH 为 7.35～7.45 是指人体血液的 pH，人体各部位及组织中的 pH 是不同的。人体为了正常进行生理活动，血液的氢离子浓度必须维持在一定的正常范围内。而氢离子浓度的正常，又必须依靠人体的调节功能，使体内的酸碱度达到动态平衡。如果过酸或过碱，都会引起血液氢离子浓度的改变，使正常的酸碱失衡。例如饥饿时的胃液 pH 为 1～2，皮肤为 5.5，大肠为 8.4，汗液为 6.0，尿液为 6.9 等。无论哪一个部位的 pH 都维持在一个恒定范围内，哪怕是发生微小的变化，都会引起身体的不适甚至疾病。机体内的缓冲体系、呼吸系统、肾脏代偿系统等共同维持着 pH 的平衡，才使得机体的生理功能正常运行并维持着人体的健康。

项目小结

原电池
电极选择与处理
　● 测定 pH 参比电极——饱和甘汞电极
　● 测定 pH 指示电极——pH 玻璃电极
测定溶液 pH
　● 酸度计
　● pH 标准缓冲溶液
　● 测定步骤
　● 测定原理

练一练

一、判断题（对的打"√"，错的打"×"）

1. 饱和甘汞电极是常用的参比电极，其电极电位是恒定不变的。（　　）
2. 原电池是将电能转化为化学能的一种装置。（　　）
3. 银-氯化银电极既可作参比电极，又可作指示电极。（　　）
4. 直接电位法测定溶液 pH 时，必须用 pH 标准缓冲溶液校正仪器。（　　）
5. 玻璃电极在使用前要在纯水中浸泡 24h 以上。（　　）

二、选择题

1. 玻璃电极球泡上有污物时，可用（　　）来擦拭。
   A. 医用棉花　　　　B. 定性滤纸　　　　C. 定量滤纸　　　　D. 纱布
2. 用酸度计测量溶液 pH 时，一般选用（　　）为指示电极。
   A. 标准氢电极　　　B. 饱和甘汞电极　　C. 玻璃电极　　　　D. 金属电极
3. 在一定条件下，电位值恒定的电极称为（　　）。
   A. 指示电极　　　　B. 参比电极　　　　C. 膜电极　　　　　D. 惰性电极
4. 在进行 pH 测定时，温度校正是指（　　）。
   A. 室温　　　　　　B. 气温　　　　　　C. 水温　　　　　　D. 被测溶液温度
5. 玻璃电极作为测定溶液 pH 的指示电极，是因为玻璃电极的电位与（　　）呈线性关系。
   A. 氢离子的浓度　　　　　　　　　　　B. Cl^- 的浓度
   C. OH^- 的浓度　　　　　　　　　　　D. 溶液的 pH

三、填空题

1. 玻璃电极对溶液中的_____有选择性响应，因此可用于测定溶液的_____。
2. 甘汞电极是由_____、_____及_____溶液构成，只要_____不变，其电位就不变，因此常用作_____电极。
3. pH 玻璃电极使用前要在_____浸泡 24h，目的是_____。
4. 电位分析法中的电极按其使用目的不同分为_____电极和_____电极。
5. 直接电位法测定溶液 pH 时_____电极作为参比电极，此电极应与酸度计的_____极相连接；_____电极作为指示电极，应与酸度计的_____极相连接。

四、计算题

现有电池：玻璃电极|H^+（a_s 或 a_x）||SCE（饱和甘汞电极），设在 25℃时，测定 pH=4.00 的标准缓冲溶液时，电池的电动势为 0.458V，而测定一未知 pH 试液时，电池的电动势为 0.448V，求未知试液的 pH。

五、问答题

1. 什么叫直接电位法？
2. 测定溶液 pH 时为什么需要进行温度补偿？

项目七 比色及分光光度法测定水中铁含量

学习导向

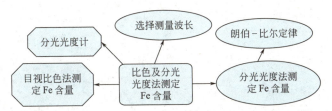

比色及分光光度法是基于物质对光具有选择性吸收的特性而建立起来的一种光学分析方法，又称为吸光光度法，适用于微量组分的测定。

利用比较溶液颜色的深浅来测定物质含量的分析方法称为比色法。用分光光度计测定物质的组成及含量的分析方法称分光光度法。根据所用光的波长范围不同，分光光度法可分为可见分光光度法（400～760nm）、紫外分光光度法（200～400nm）和红外分光光度法（2.5～50μm）。

分光光度法具有灵敏度高、操作简便、测定速度快、应用广泛等特点。

分光光度分析法需要特殊的仪器——分光光度计。

任务一 学会使用分光光度计

任务目标

1. 了解分光光度计结构、检测原理；
2. 会使用分光光度计。

想一想：在分析实验室里见过分光光度计吗？你知道如何使用分光光度计吗？

活动一 了解分光光度计

分光光度计的型号很多，但它们的基本结构相似，都是由光源、单色器、吸收池、检测器和显示系统等部件构成。

1. 光源

如图 7-1 所示。

化工分析

(a) 钨灯

(b) 氘灯

作用：提供符合要求的入射光
用于可见光区
用于紫外光区

图 7-1　分光光度计光源

2. 单色器

如图 7-2 所示。

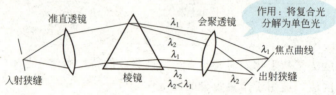

作用：将复合光分解为单色光

图 7-2　棱镜单色器分光示意图

3. 吸收池

如图 7-3 所示。

吸收池的操作方法见图 7-4。

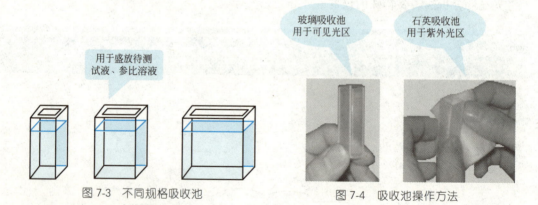

用于盛放待测试液、参比溶液

玻璃吸收池 用于可见光区

石英吸收池 用于紫外光区

图 7-3　不同规格吸收池　　　图 7-4　吸收池操作方法

4. 检测器和信号显示系统

如图 7-5 所示。

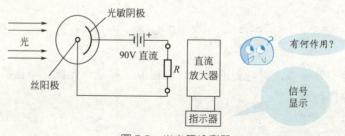

有何作用？
信号显示

图 7-5　光电管检测器

项目七　比色及分光光度法测定水中铁含量

活动二　使用分光光度计

以 721 型分光光度计（如图 7-6 所示）为例。

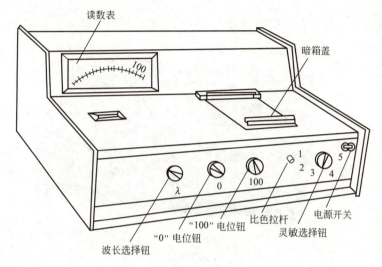

图 7-6　721 型分光光度计

操作步骤

① 接通电源，打开仪器开关，打开箱盖，预热 20min。

② 选测定波长，根据实验要求，转动波长选择钮（λ），使指针指示所需要的单色光波长。

③ 调仪器"0"点，轻轻旋动调"0"电位器，使读数表头指针恰好位于透光度为"0"处（此时暗箱盖是打开的）。

④ 调仪器 $T=100\%$，将空白溶液或参比溶液放入吸收池（操作方法如图 7-4 所示）座架中的第一格内，将有色溶液放在其他格内，轻轻盖上暗箱盖子，调 100 电位器，使透光度 $T=100\%$。

⑤ 测定，轻轻拉动比色皿座架拉杆，使有色溶液进入光路，此时表头指针所示为该有色溶液的吸光度 A。读数后，打开比色皿暗箱盖。

⑥ 实验完毕，切断电源，将比色皿取出洗净，并将比色皿座架及暗箱用软纸擦净。

注意事项

1. 拿取吸收池时，手指不可接触透光面。
2. 透光面只能用擦镜纸或丝绸擦拭。
3. 不可长时间盛放含腐蚀玻璃物质的溶液。
4. 不能加热或烘烤，使用后必须立即用水冲洗干净。

讨论与交流

721 型和 UV-7504C 型分光光度计各以什么做光源？请你说说如何操作你们实验室里的分光光度计？

延伸与拓展

UV-7504C 型紫外-可见分光光度计

图 7-7、图 7-8 分别为 7504C 型分光光度计及其显示器与键盘。

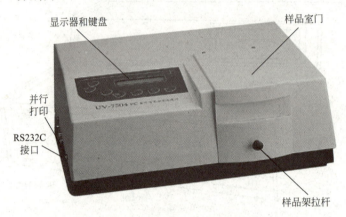

图 7-7　7504C 型分光光度计

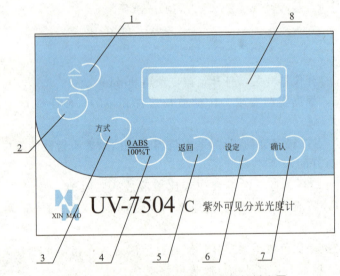

图 7-8　7504C 型分光光度计显示器与键盘图
1—参数设定的上升键；2—参数设定的下降键；3—T/A/C 显示方式键；4—0ABS/100％T 调试键；
5—取消参数设定键；6—设定键；7—确认键；8—显示窗

操作步骤

① 开机　打开样品室盖，检查样品室中是否有遮光物，若有则取出。打开电源，将仪器预热 20min。

② 选择光源　电源开关打开后，钨灯即亮，若需要在紫外光区测定，则可按［氘灯］键点亮氘灯，若要关闭氘灯，则再按一次［氘灯］键；若需关闭钨灯，则按［功能］键→数字键［1］→回车键［←］即可熄灭。

项目七　比色及分光光度法测定水中铁含量

③ 选择测定波长（按设定键以及增加、减小按钮，进行设定）。

④ 选择测量方式（按方式键选择透射比模式与吸光度模式）。

⑤ 润洗比色皿，依次装入参比溶液和测量溶液。

⑥ 参比溶液于光路中，透射比模式下同时调 0 和 100%。

⑦ 盖上样品盖，将参比溶液推入光路，在透射比模式下按 [100%] 键，使仪器显示为 100.0。

⑧ 在吸光度模式下，按 [100%] 键，使仪器显示为 0.000。

⑨ 待蜂鸣器"嘟"叫后，将试液推入光路，测定溶液的吸光度 A，按 [打印] 键打印数据。

⑩ 再依次将第二、第三个样品分别推入光路测定。打印数据后应打开暗室盖。

⑪ 测量完毕，取出吸收池，清洗晾干后入盒保存。关闭电源，拔下电源插头，清理桌面。

 知识窗

光谱仪的发明者本生和基尔霍夫

本生（Robert Wilhelm Bunsen，1811~1899），德国化学家和物理学家，创建了一个著名的化学学派，是在化学史上具有划时代意义的少数化学家之一。他和基尔霍夫发明的光谱分析法，被称为"化学家的神奇眼睛"。

本生在科学上的杰出贡献是和基尔霍夫共同开辟出光谱分析领域。1859 年，他和基尔霍夫合作设计了世界上第一台光谱仪，并利用这台仪器系统研究各物质产生的光谱，创建了光谱分析法。1860 年他们用这种方法在狄克海姆矿泉水中发现了新元素铯，1861 年又用此仪器分析萨克森地方的一种鳞状云彩母矿，发现了新元素铷。从此光谱分析不仅成为化学家手中重要的检测手段，同时也是物理学家、天文学家开展科学研究的重要工具。

本生在化学上建树极多，他还研制出了本生电池、本生灯、本生光度计、量热器等；他还发明了利用硫酸对游离碘做容量分析的方法；创造了用萃取的办法分离钯、铑、钌、铱等。

基尔霍夫（Gustav Rober Kirehhoff，1824~1887），德国物理学家。基尔霍夫除上面提到的与本生共同的发明、创造外，他在电学理论方面也做出了杰出的贡献。1845 年，他在柯尼斯堡就读期间，就根据欧姆定律提出计算稳恒电路网络中电流、电压、电阻关系的基尔霍夫电路定律。另外，基尔霍夫在研究太阳光谱的夫琅和费线过程中得出了关于热辐射的基尔霍夫定律。1862 年他又进一步提出了绝对黑体的概念，他的工作为量子论诞生奠定了基础。

1860 年本生荣获科普利奖，1877 年本生和基尔霍夫共获第一届戴维奖，1896 年本生又获艾伯特奖。

任务二 选择测量波长

任务目标

1. 了解物质显色的原理；
2. 学会制作吸收光谱曲线；
3. 会选择光度测量条件。

想一想：为什么 $KMnO_4$ 溶液置于日光下呈现紫色，而 $CuSO_4$ 溶液在相同的条件下则呈现蓝色？

夏天当雷阵雨过后，阳光灿烂，这时抬头仰望天空常会看到天边有彩虹，说明日光（白光）是复合光（由各种不同波长的光混合而成）；具有单一波长的光，称为单色光。将两种特定颜色的光按一定的强度比例混合，也可成为白光，这两种特定颜色的光就称为互补色光，图 7-9 中处于直线关系的两种颜色的光即为互补色光。

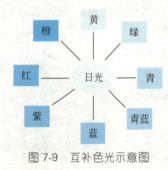

图 7-9 互补色光示意图

当一束白光通过某溶液时，该溶液选择性地吸收白光中的某一波长范围（某种颜色）的光，则该溶液呈现透过光的颜色。故溶液的颜色是基于物质对光的选择性吸收，若要精确地说明物质具有选择性吸收不同波长范围光的性质，可用该物质的吸收光谱曲线来描述。物质的吸收光谱曲线可通过实验获得，方法是将不同波长的光依次透过某一浓度的溶液，测定在各种波长下的吸收程度（吸光度），然后根据测得的数据绘制吸收曲线。

 白光通过溶液时完全被溶液吸收或全部透过，则溶液各呈现什么颜色？

活动一 准备仪器和试剂

仪器准备

分光光度计、5mL 移液管 1 支、1000mL 容量瓶 1 个、100mL 容量瓶 1 个、50mL 容量瓶 1 个、量筒及常用玻璃仪器。

试剂准备

① 铁标准溶液（$100.0\mu g \cdot mL^{-1}$） 准确称取 0.8634g $NH_4Fe(SO_4)_2 \cdot 12H_2O$ 置于烧杯中，加 20mL $6mol \cdot L^{-1}$ 盐酸溶液及少量水溶解后，移入 1000mL 容量瓶中，用蒸馏水稀释至刻度，摇匀。

项目七　比色及分光光度法测定水中铁含量

② 铁标准溶液（10.00μg·mL^{-1}）　准确移取 100.0μg·mL^{-1} 铁标准溶液 10.00mL 置于 100mL 容量瓶中，用蒸馏水稀释至刻度，摇匀。

③ 盐酸羟胺溶液　100g·L^{-1}（用时配制）。

④ 邻二氮菲溶液　1.5g·L^{-1}，先用少量的乙醇溶解，再用蒸馏水稀释至所需要的浓度（避光保存）。

⑤ 乙酸-乙酸钠缓冲溶液（pH≈4.6）　称取 136g 分析纯乙酸钠，加少量水溶解后，加 120mL 冰醋酸，再用蒸馏水稀释至 500mL，混匀。

⑥ 6mol·L^{-1} 盐酸溶液。

活动二　测定操作

操作步骤

① 插上电源，开机预热 20min。

② 移取 10.0μg·mL^{-1} 铁标准溶液 3.00mL，置于 50mL 容量瓶中。

③ 加入 10% 盐酸羟胺溶液 1mL，pH≈4.6 的 HAc-NaAc 缓冲溶液 5mL，1.5g·L^{-1} 邻二氮菲溶液 5mL。

④ 用蒸馏水稀释至刻度，摇匀，放置 10min。

⑤ 以溶剂做参比，用 2cm 比色皿，在分光光度计上于 440～540nm 波长处每隔 10nm 测定溶液的吸光度，并记录测得数据。

测定数据记录

λ/nm	440	450	460	470	480	490	500	510	520	530	540
A											

注意事项
1. 为便于找到最大吸收峰，在峰值附近可增加几个测定点。
2. 改变测定波长时必须重新用参比溶液调节吸光度零点。

活动三　绘制吸收光谱曲线

根据测得数据，以波长（λ）为横坐标，吸光度（A）为纵坐标绘制吸收光谱曲线（如图 7-10、图 7-11 所示）。

曲线上吸光度最大处对应的波长称为最大吸收波长，用 λ_{max} 表示。

定量分析时通常选用 λ_{max} 为测量波长，此时灵敏度最高。吸收曲线是选择测定波长的依据，选择测定波长的原则是：吸收最大，干扰最小。

光度测量条件选择

在定量分析时，除了选择合适的测量波长外，还需选择合适的吸光度测量范围和参比溶液等光度测量条件。

吸收光谱曲线还有什么用途？

化工分析

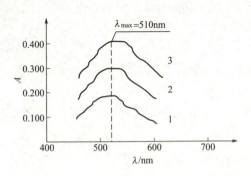

图 7-10　邻二氮菲亚铁溶液的吸收光谱曲线
1—0.0002 mol·L^{-1}（Fe^{2+}）；
2—0.0004 mol·L^{-1}（Fe^{2+}）；
3—0.0006 mol·L^{-1}（Fe^{2+}）

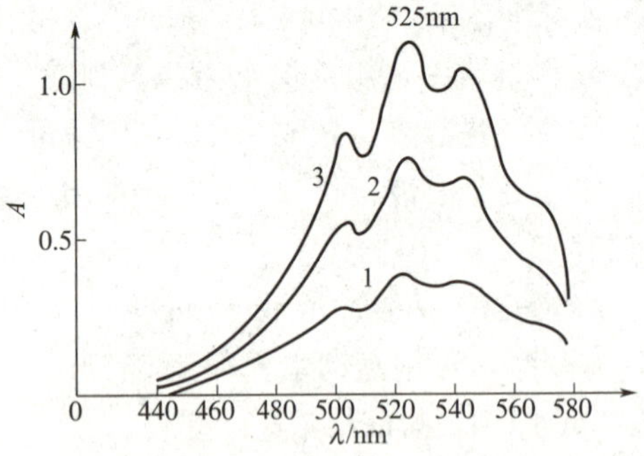

图 7-11　KMnO$_4$ 溶液吸收光谱曲线
1—1.56×10^{-4} mol·L^{-1}（KMnO$_4$）；
2—3.12×10^{-4} mol·L^{-1}（KMnO$_4$）；
3—4.68×10^{-4} mol·L^{-1}（KMnO$_4$）

吸光度合适的范围是 0.2～0.8，在此范围时由仪器测量引起的误差比较小。通过调节溶液的浓度或选择适当厚度的吸收池，使吸光度落在此适宜的范围内。

参比溶液是用来调节仪器工作零点和消除某些干扰，参比溶液的选择方法为：

试样	试剂、显色剂	参比溶液选择
无色	无色	溶剂
无色	有色	试剂加显色剂（空白）溶液
有色	无色	不加显色剂的试样溶液
有色	有色	褪色参比

此外，对于比色皿的厚度、透光率、仪器波长等应进行校正，对比色皿放置位置、检测器的灵敏度等也应注意检查。

讨论与交流　用分光光度法测定某溶液中微量高锰酸钾的含量，如何选择合适的测定波长？你能设计一个选择测定波长的方案吗？

任务三　分光光度法测定水中微量铁含量

任务目标

1. 掌握朗伯-比尔定律；
2. 会用标准曲线法测定组分的含量；
3. 能正确记录测量数据、计算铁含量。

想一想　水中含有微量的铁，铁是人体必需的微量元素，饮用含铁量过高的水，影响健康，用含铁量高的水洗涤易使织物呈浅褐色。如何测定水中微量铁的含量？

项目七 比色及分光光度法测定水中铁含量

水中铁的含量约为 5~15mg·L^{-1}，一般用可见分光光度法的标准曲线法测定。

标准曲线法（工作曲线法），是配制一系列不同浓度的标准系列溶液，以不含被测组分的空白溶液作参比，测定标准系列溶液的吸光度，以标准溶液所含被测组分的浓度（ρ）为横坐标，吸光度（A）为纵坐标绘制标准曲线（即 A-ρ 曲线），如图 7-12 所示。在相同条件下将试样显色并测定吸光度，根据试样的吸光度，从标准（工作）曲线上查得被测组分的浓度（ρ_x）。

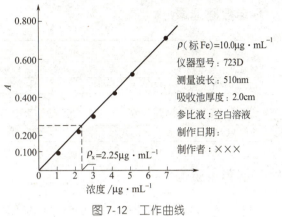

图 7-12 工作曲线

活动一 准备仪器和试剂

仪器准备

分光光度计、50mL 容量瓶 10 个、5mL 吸量管 1 支、10mL 移液管 1 支，烧杯等常用玻璃仪器。

试剂准备

铁标准溶液（10.00μg·mL^{-1}）、邻二氮菲溶液（1.5g·L^{-1}）、盐酸羟胺溶液（100g·L^{-1}）、醋酸-醋酸钠缓冲溶液（pH 4.6）、6mol·L^{-1} HCl 溶液、采集水样。

活动二 测定操作

操作步骤

50mL 容量瓶编号	1	2	3	4	5	6	7	8
移取铁标准溶液或水样体积/mL	0.00	1.00 标液	2.00 标液	3.00 标液	4.00 标液	5.00 标液	10.00 水样	10.00 水样
加 NH$_2$OH·HCl 溶液体积/mL	1.00	1.00	1.00	1.00	1.00	1.00	1.00	1.00
加 HAc-NaAc 溶液体积/mL	5.00	5.00	5.00	5.00	5.00	5.00	5.00	5.00
加邻二氮菲溶液体积/mL	5.00	5.00	5.00	5.00	5.00	5.00	5.00	5.00

注：加水稀释至刻度，摇匀。10min 后用 2cm 吸收池，以试剂空白为参比溶液，在 510nm，测定并记录各溶液吸光度。

注意事项

1. 显色时，每加入一种试剂都应摇匀。
2. 待测试样应完全透明，如有浑浊，应预先过滤。
3. 试样和工作曲线的显色及测定条件应一致。

测定数据记录

容量瓶编号	1	2	3	4	5	6	7	8
移取铁标准溶液体积/mL	0.00	1.00 标液	2.00 标液	3.00 标液	4.00 标液	5.00 标液	10.00 水样	10.00 水样
有色溶液中铁浓度/$\mu g \cdot mL^{-1}$								
皿差								
吸光度 A（测定值）								
吸光度 A（实际值）								

了解测定原理

1,10-邻二氮菲是测定微量铁的一种较好的显色剂，在 pH 2~9 的水溶液中，能与 Fe^{2+} 生成稳定的橙红色配合物。试样中 Fe^{3+} 可预先用还原剂（如抗坏血酸、盐酸羟胺等）还原为 Fe^{2+}。显色反应为：

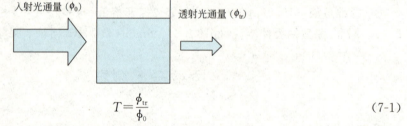

在弱酸性溶液中，用盐酸羟胺还原 Fe^{3+}，控制溶液 pH 4~6，用邻二氮菲显色，在一定条件下该有色溶液的吸光度与浓度成正比（符合朗伯-比尔定律）。

1. 朗伯-比尔定律（光吸收定律）

一束单色光平行垂直通过某一吸光物质的稀溶液

透射比

$$T = \frac{\phi_{tr}}{\phi_0} \tag{7-1}$$

透射比倒数的对数表示溶液对光的吸收程度，通常称为吸光度，用 A 表示。

$$A = \lg \frac{\phi_0}{\phi_{tr}} = \lg \frac{1}{T} = -\lg T \tag{7-2}$$

试一试：根据图 7-13 所示的实验数据，写出吸光度与光程关系 $A=$ _____。

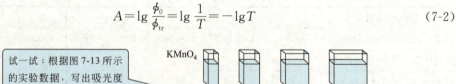

图 7-13 吸光度与光程的关系

试一试：根据图 7-14 所示的实验数据，写出吸光度与溶液浓度关系 $A=$ _____。

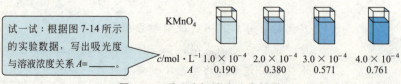

图 7-14 吸光度与溶液浓度关系

项目七　比色及分光光度法测定水中铁含量

朗伯-比尔定律（光吸收定律）：实验证明，当一束平行的单色光垂直入射通过均匀、透明的吸光物质的稀溶液时，溶液对光的吸收程度与溶液的浓度及液层厚度的乘积成正比。这是比色及分光光度法定量分析的依据。其数学表达式为：

$$A = \lg \frac{\phi_0}{\phi_{tr}} = \lg \frac{1}{T} = Kbc \tag{7-3}$$

式中，K 是比例常数，与入射光的波长、物质的性质、溶液的温度及溶剂等因素有关。

2. 摩尔吸光系数

当 c 的单位为 $mol·L^{-1}$，b 的单位为 cm 时，比例常数 K 称为摩尔吸光系数，用 ε 表示，单位为 $L·mol^{-1}·cm^{-1}$。所以，朗伯-比尔定律可改写为：

$$A = \varepsilon bc \tag{7-4}$$

ε 越大，表示该物质对某波长光的吸收能力越强，测定的灵敏度也越高。

3. 朗伯-比尔定律适用的条件

必须使用单色光；稀溶液（$c < 0.01 mol·L^{-1}$）；吸光物质之间不发生作用。

吸光度 A 与哪些因素有关？在实际工作中，应如何测定摩尔吸光系数 ε？

活动三　计算铁的含量

① 根据铁标准系列溶液的浓度及测得的吸光度绘制标准（工作）曲线。
② 由水样溶液的吸光度，从标准（工作）曲线上查得水样中铁的浓度（ρ_x）。
③ 按式（7-5）计算出未知试样中铁的含量（以 $\mu g·mL^{-1}$ 表示）。

$$\rho(Fe) = \rho_x n \; (\mu g·mL^{-1}) \tag{7-5}$$

式中，n 为试样稀释倍数。
两次测定的平均值即为水样中铁含量。
当样品只有一个时常用比较法测定，方法是用一个已知浓度（c_s）的标准溶液，在一定条件下测定其吸光度 A_s，然后在相同条件下测定试液 c_x 的吸光度 A_x，按式（7-6）计算出试样中被测组分的浓度（含量）。

$$c_x = c_s \times \frac{A_x}{A_s} \tag{7-6}$$

比较法的特点是：操作简单，适用于个别样品的测定，要求所配制标样的浓度与试样浓度相当。缺点是引起误差的因素较多，故往往较不可靠。

讨论与交流　在进行显色反应时，溶液中加入的盐酸羟胺、醋酸-醋酸钠缓冲溶液和邻二氮菲各起什么作用？在测定时，若吸光度太小或太大对测定结果是否有影响？

铁与人体健康

铁在人体中的含量只有0.004%，但铁是组成血红蛋白的一个不可缺少的成员。人体中的铁，有72%以血红蛋白的形式存在。它是一种含铁的复合蛋白，是血液中红细胞的主要成分。血红蛋白具有运送氧气及二氧化碳和维持血液酸碱平衡的功能。

若摄入铁质不足，多次出血或胃酸缺乏可引起缺铁性贫血，而体内过多的铁沉积于器官中，对肝、心脏等脏器有害。

成人每天需要从食物中摄取约10mg铁元素，男性少年约18mg，女性少年约24mg铁。含铁较丰富的食物有：动物的肝脏、肾、心脏、瘦肉、蛋黄、紫菜、海带、黑木耳、芹菜、番茄、红枣等。膳食中的维生素C和蛋白质能提高铁的吸收率。但是若维生素C的服用量每天超过500mg，反而阻碍铁的吸收加重贫血，起相反的作用。

任务四　目视比色法测定水中微量铁的含量

任务目标

1. 了解目视比色法测定原理和方法；
2. 能正确配制标准色阶；
3. 会用目视比色法测定试样中微量组分含量；
4. 能正确计算测定结果。

想一想：根据图中两份溶液颜色的深浅，你能否确定两根管子中溶液浓度大小？

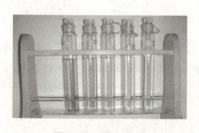

图7-15　标准色阶

以可见光作为光源，用肉眼观察比较溶液颜色深浅来测定物质含量的分析方法称为目视比色法。最常用的目视比色法是标准系列法，用不同量的待测物质（如Fe^{3+}）标准溶液在完全相同的一组比色管中，加入一定量的试剂（NH_4SCN溶液）显色，配成颜色逐渐递变（加深）的标准色阶（如图7-15所示）。在相同条件下将试样溶液显色后，与标准色阶颜色做比较，目视找出颜色最相近的那一份标准溶液，由其中所含被测物质的量，计算试样中待测组分的含量。

活动一　准备仪器和试剂

仪器准备

50mL比色管（如图7-16所示）一套、比色管架、5mL吸量管一支、100mL烧杯三只、

项目七 比色及分光光度法测定水中铁含量

洗耳球、100mL 容量瓶 1 个、10mL 量筒一只。

试剂准备

（1+1）HNO_3 溶液、H_2SO_4 溶液（质量分数 20％）、NH_4SCN 溶液（质量分数 15％）、1.0mg·L^{-1} Fe^{3+} 标准溶液。

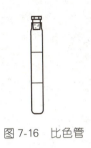

图 7-16 比色管

活动二 测定操作

操作指南

操作步骤

（1）配制粗标准色阶（如图 7-16 所示）及试样有色溶液

① 准确吸取 1.0mg·L^{-1} 的 Fe^{3+} 标准溶液 10mL 于 100mL 容量瓶中，用蒸馏水稀释至刻度，摇匀。

② 用吸量管准确吸取刚配制的 Fe^{3+} 标准溶液 0.50mL，1.00mL，1.50mL，2.00mL，2.50mL 及 5.00mL 试样，分别置于 25mL 比色管中。

③ 分别加入 1mL（1+1）HNO_3 溶液、1mL 20％ 的 H_2SO_4 溶液及 10mL 15％ 的 NH_4SCN 溶液。

④ 加水稀释至刻度，摇匀，放置 10min，将水样与粗标准色阶进行目视比色。

 如何确定精确标准色阶的浓度间隔？

（2）配制精确标准色阶 将测得的试样浓度在粗标准色阶之间分五点，按步骤（1）配制更精确的标准色阶，同时配制试样有色溶液，放置 10min 进行目视比色。

（3）测定结束，清洗仪器，将工作台整理干净，仪器归位。

注意事项

1. 比色必须在阳光充足，视线与光线垂直的条件下进行。
2. 比色管底部应放白色磁板，从管口垂直向下观察。
3. 使用 HNO_3 溶液时注意安全。

了解测定原理

Fe^{3+} 与硫氰酸铵在强酸性介质中生成血红色配合物，反应方程式为：

$$Fe^{3+} + 3SCN^- = Fe(SCN)_3 （血红色配合物）$$

化工分析

测定的理论依据：朗伯-比尔定律（$A=\varepsilon bc$）。由于在相同条件下（$\varepsilon_s=\varepsilon_x$，$b_s=b_x$）对标准溶液和被测试液颜色进行比较，两者颜色相同，即吸光度相同，浓度也相同，则$c_x=c_s$。

活动三 计算 Fe 含量

按公式(7-7)计算水样中铁的含量。

$$\rho(\text{Fe})=\frac{c_s V_s}{V(\text{水样})} \tag{7-7}$$

若被测溶液颜色介于相邻两标准溶液之间，则按公式(7-8)计算水样中铁含量。

$$\rho(\text{Fe})=\frac{c_s V_{s(n)}+c_s V_{s(n+1)}}{2V(\text{水样})} \tag{7-8}$$

式中 $\rho(\text{Fe})$——试样中铁的含量，$\mu\text{g}\cdot\text{mL}^{-1}$；

V_s——与试样颜色相同的铁标准溶液体积，mL；

c_s——铁标准溶液质量浓度，$\mu\text{g}\cdot\text{mL}^{-1}$；

V（水样）——所取水样的体积，mL。

**讨论与交流** 若某厂生产的产品中要求Fe^{3+}的含量不得大 $0.02\mu\text{g}\cdot\text{mL}^{-1}$，如果你是该厂的分析检测员，你如何用目视比色法来进行分析测定？为什么？

知识窗

水污染的危害

水体污染影响工业生产、增大设备腐蚀、影响产品质量，破坏生态环境，影响人民生活，危害人的健康，损害很大。

危害人的健康 水污染后，通过饮水或食物链，污染物进入人体，使人急性或慢性中毒。砷、铬、铵类、苯并[a]芘等，还可诱发癌症。被寄生虫、病毒或其他致病菌污染的水，会引起多种传染病和寄生虫病。重金属污染的水，对人的健康均有危害。被镉污染的水、食物，人饮食后，会造成肾、骨骼病变，摄入硫酸镉20mg，就会造成死亡。铅造成的中毒，引起贫血，神经错乱。六价铬有很大毒性，引起皮肤溃疡，还有致癌作用。饮用含砷的水，会发生急性或慢性中毒。砷使许多酶受到抑制或失去活性，造成机体代谢障碍，皮肤角质化，引发皮肤癌。有机磷农药会造成神经中毒，有机氯农药会在脂肪中蓄积，对人和动物的内分泌、免疫功能、生殖机能均造成危害。稠环芳烃多数具有致癌作用。世界上80%的疾病与水有关。伤寒、霍乱、胃肠炎、痢疾、传染性肝病是人类五大疾病，均由水的不洁引起。

对工农业生产的危害 水质污染后，工业用水必须投入更多的处理费用，造成资源、能源的浪费，食品工业用水要求更为严格，水质不合格，会使生产停顿。农业使用污水，使作物减产，品质降低，甚至使人畜受害，大片农田遭受污染，降低土壤质量。

水的富营养化的危害 在正常情况下，氧在水中有一定溶解度。溶解氧不仅是水

项目七 比色及分光光度法测定水中铁含量

生生物得以生存的条件,也是天然水体具有自净能力的重要原因。含有大量氮、磷、钾的生活污水的排放,大量有机物在水中降解放出营养元素,促进水中藻类丛生,植物疯长,使水体通气不良,溶解氧下降,甚至出现无氧层。以致使水生植物大量死亡,水面发黑,水体发臭形成"死湖"、"死河"、"死海",进而变成沼泽。这种现象称为水的富营养化。富营养化的水臭味大、颜色深、细菌多,这种水的水质差,不能直接利用,水中鱼大量死亡。

项目小结

分光光度计
    ● 分光光度计组成
    ● 分光光度计使用方法
选择测定波长
    ● 吸收曲线制作
    ● 光度测量条件的选择
分光光度法测定铁含量
    ● 标准曲线制作
    ● 铁含量测定及结果计算
    ● 朗伯-比尔定律
    ● 摩尔吸光系数
目视比色法测定水中铁含量

练一练

一、判断题(对的打"√",错的打"×")

1. 单色器是能从复合光中分出一种所需波长单色光的光学装置。(　　)
2. 根据比色分析中的吸收曲线可以找出被测组分的浓度。(　　)
3. 当透过光通量 $\phi_{tr}=0$ 时,则吸光度 $A=100$。(　　)
4. 可见分光光度计中的光源是氢灯或氘灯。(　　)
5. 朗伯-比尔定律适用于一切浓度的有色溶液。(　　)
6. 用肉眼观察比较溶液颜色的深浅来确定物质含量的分析方法称为目视比色法。(　　)
7. 溶液颜色的深浅与溶液中有色物质含量的多少无关。(　　)
8. 吸收池外面的溶液先用滤纸吸,再用擦镜纸擦干。(　　)

二、选择题

1. 比色分析中,摩尔吸光系数 ε 值越小,说明测定的灵敏度(　　)。

A. 越高 B. 越低 C. 不一定

2. 吸光度读数范围的调节可以采用( )。

   A. 灵敏度选择挡 B. 入射光强度变化

   C. 选择合适的吸收池厚度 D. 狭缝变化

3. 朗伯-比尔定律的数学表达式是( )。

   A. $A=Kcb$ B. $A=-\lg T$ C. $A=Kb$ D. $A=Kc$

4. 透射比是指( )。

   A. 透过光通量 ϕ_{tr} 与入射光通量 ϕ_0 之比

   B. 入射光通量 ϕ_0 与透过光通量 ϕ_{tr} 之比

   C. 吸收光通量 ϕ_a 与入射光通量 ϕ_0 之比

   D. 入射光通量 ϕ_0 与吸收光通量 ϕ_a 之比

5. 吸光度与透射比的关系是( )。

   A. $A=-\lg T$ B. $T=-\lg A$ C. $A=\lg T$ D. $T=\lg A$

6. 钨灯或卤钨灯作为光源,它们主要用于( )。

   A. 紫外光区 B. 紫外和可见光区 C. 可见光区 D. 红外光区

7. 比色分析中某有色溶液的浓度增加时,最大吸收峰的波长( )。

   A. 向长波长方向移动 B. 向短波长方向移动

   C. 不变,但吸光度增大 D. 向长波长方向移动,且吸光度增大

8. 入射光波长(测定波长)选择的原则是( )。

   A. 吸收最大 B. 干扰最小

   C. 吸收最大,干扰最小 D. 吸光系数最大

9. 比色分光光度法测定中,下列操作正确的是( )。

   A. 手捏比色皿的毛面 B. 手捏比色皿的透光面

   C. 用普通纸擦拭比色皿的外壁 D. 溶液注满比色皿

10. 当一束白光通过紫色高锰酸钾溶液时,( )被溶液吸收。

    A. 绿色光 B. 紫色光 C. 黄色光 D. 蓝色光

11. 将黄色光和蓝色光按一定强度比例混合可得到白色光,则这两种色光的关系是( )。

    A. 可见光 B. 单色光 C. 互补色光 D. 复合光

12. 光吸收定律的要求是( )。

    A. 必须是溶液 B. 稀溶液 C. 平行光 D. 稀溶液和单色光

13. 摩尔吸光系数的单位是( )。

    A. $mol \cdot L^{-1} \cdot cm$ B. $mol \cdot cm \cdot L^{-1}$ C. $mol \cdot cm \cdot L$ D. $L \cdot mol^{-1} \cdot cm^{-1}$

14. 测定符合朗伯-比尔定律的某有色溶液透光度(透射比)时,若减小溶液的浓度,则测得的透光度 T 将( )。

    A. 减小 B. 增大 C. 不变 D. 无法确定

三、填空题

1. 分光光度法选择测定波长的原则是_____;可见光的波长范围为_____ nm。影响分光光度法测定某溶液吸光度的主要因素有_____、_____、_____;在某波长处用2.0cm比色皿,测得某有色溶液的吸光度 $A=0.400$,若

项目七 比色及分光光度法测定水中铁含量

改用 3.0cm 比色皿，则 A 为_____。

2. 为使光度测量的相对误差较小，其吸光度值应控制在_____范围之内。若吸光度超出此范围，可采取_____和_____的措施来解决。

3. 分光光度计的型号很多，但其基本结构是相同的，都是由光源、_____、_____、_____、_____等构成。

4. 某物质对各种波长的可见光全吸收，则显_____色。有甲、乙两瓶有色溶液，甲的含量为 0.05%，乙的含量为 0.2%，则溶液_____的透光度较大，溶液_____的吸光度较大。

5. 用邻二氮菲分光光度法测定 Fe，进行显色反应时，加 HAc-NaAc 是为了_____，加盐酸羟胺溶液是为了_____，加邻二氮菲溶液是为了_____。影响摩尔吸光系数的因素有_____、_____、温度和溶剂等。

四、计算题

1. 某高锰酸钾溶液在 525nm 处，用 2.0cm 吸收池测得其透射比为 45%，若将其浓度增加 1 倍，则其吸光度和透射比各为多少？

2. 用邻二氮菲分光光度法测定铁，已知试样中 Fe 的含量为 $25\mu g \cdot (50mL)^{-1}$，用 1cm 厚度比色皿，在波长 510nm 处测得其吸光度为 0.099，请计算邻二氮菲亚铁的摩尔吸光系数 ε。$[M(Fe)=55.85g \cdot mol^{-1}]$

3. 用分光光度法的比较法（对照法）测定水中铁含量，铁标准溶液的浓度为 $20.0\mu g \cdot mL^{-1}$，在某波长处测得吸光度为 0.386；在相同条件下测得水样的吸光度为 0.348，求水样中铁含量（$mg \cdot L^{-1}$）？

4. 用 $CuSO_4 \cdot 5H_2O$ 配制成含铜 $0.1000mg \cdot mL^{-1}$ 标准溶液，取此铜标准溶液 1.0mL、2.0mL、3.0mL、…、10.0mL，于 10 支比色管中，分别加水稀释至 50mL，制成一组标准色阶。现取含铜试样 5.00mL 置于 50mL 比色管中，加水稀释至刻度，其颜色的深度处于 4 号与 5 号管之间。求试样中铜的含量。[用 $\rho(Cu)$，$mg \cdot L^{-1}$ 表示]

项目八　气相色谱法测定苯系物的含量

学习导向

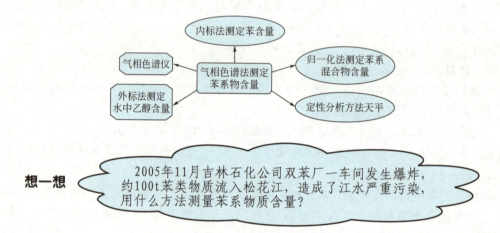

想一想　2005年11月吉林石化公司双苯厂一车间发生爆炸，约100t苯类物质流入松花江，造成了江水严重污染，用什么方法测量苯系物质含量？

色谱法是俄国植物学家茨维特（M. S. Tswett）于1906年，在研究分离植物色素时始创的。茨维特在一根玻璃管的狭小一端塞上小团棉花，管中填充沉淀碳酸钙，将植物叶色素的石油醚抽取液倒入此玻璃管中，再从上端口加入石油醚淋洗，如图8-1所示。结果植物叶中的不同色素就在玻璃管中得到分离而形成不同颜色的谱带，茨维特把这种分离方法称为色谱法，把填充有$CaCO_3$的玻璃柱管叫做色谱柱，把$CaCO_3$固体颗粒称为固定相，推动被分离的组分（色素）流过固定相的惰性流体（石油醚）称为流动相，在柱中出现的有颜色的谱带叫做色谱图。

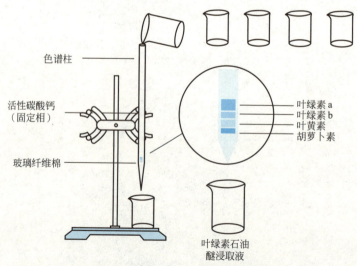

图8-1　茨维特吸附色谱分离实验示意图

项目八 气相色谱法测定苯系物的含量

现在色谱法已从最初的纯分离技术发展成一种有效的分析方法——色谱分析法,用以分离、分析多组分混合物质的分析方法。色谱分析法(gas chromatography)具有分离效能高、检测灵敏度高、分析速度快等特点。

根据流动相物态的不同,色谱法可分为:

(1)气相色谱法 以气体为流动相的色谱分析法。

(2)液相色谱法 以液体为流动相的色谱分析法。

根据固定相的物态不同,可进一步分为气-固色谱法、液-固色谱法、气-液色谱法和液-液色谱法。

气相色谱法不仅可以分析气体,也可以分析液体和固体,只要样品在-190~450℃温度范围内能提供26~1330Pa蒸气压,都可以用气相色谱法进行分析。气相色谱分析是借助气相色谱仪来完成的。

任务一 学会使用气相色谱仪

任务目标

1. 了解气相色谱仪的流程及分离原理;
2. 会使用气相色谱仪;
3. 能简单维护气相色谱仪及识别一般故障。

想一想 在奥运会上用色谱-质谱联用仪来检测运动员是否服用了兴奋剂,利用了色谱仪的什么特点?

看一看

色谱数据处理机　　　　高压钢瓶与减压阀　　　　气体净化器

气相色谱辅助设备

活动一 了解气相色谱仪

气相色谱仪的型号很多,但其基本结构是相同的,都由气路系统、进样系统、分离系统、流量检测系统、数据处理系统等部件组成,如图8-2所示。

化工分析

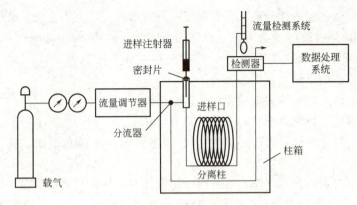

图 8-2　气相色谱仪基本结构

1. 气路系统

气路系统（如图 8-3 所示）是一个连续运行的密闭管路系统，其作用是为气相色谱分析提供一个干净、稳定、可靠的流动相（即载气）。常用的载气有 H_2、N_2、Ar、He 等。

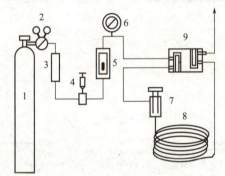

图 8-3　气相色谱气路结构示意图

1—高压瓶；2—减压阀；3—载气净化干燥管；4—针形阀；5—流量计；
6—压力表；7—进样器；8—色谱柱；9—检测器

2. 进样系统

进样系统包括进样器和汽化室两部分，如图 8-4 所示。液体样品在汽化室中瞬间汽化为气体而被载气带入色谱柱。

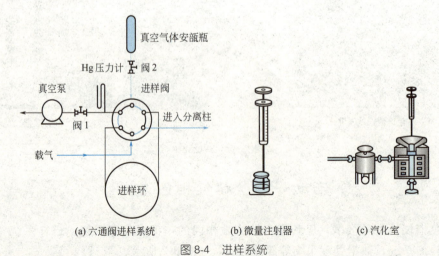

图 8-4　进样系统

项目八 气相色谱法测定苯系物的含量

3. 色谱柱

色谱柱（如图 8-5 所示）是气相色谱仪的核心部件，其作用是将多组分试样分离为单一组分。

(a) 填充柱　　　　　　　　(b) 毛细管柱

图 8-5　色谱柱

4. 检测系统

检测系统包括检测器和测量电路两部分。检测器是色谱仪的"眼睛"，其作用是将色谱柱分离的样品组分，根据其物理的或化学的特性，转变为电信号。

应用最广泛的检测器是热导池检测器（TCD，如图 8-6 所示）和氢火焰离子化检测器（FID，如图 8-7 所示）。TCD 是典型的浓度型检测器，FID 是典型的质量型检测器。

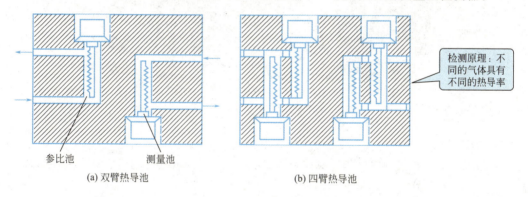

(a) 双臂热导池　　　　　　　　(b) 四臂热导池

图 8-6　热导池检测器结构示意图

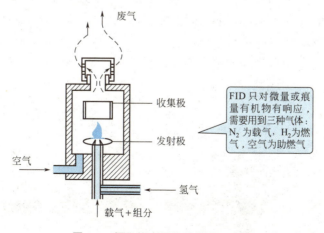

图 8-7　氢火焰离子化检测器示意图

FID能否检测CO_2？是否可以选用H_2做载气？

5. 数据处理系统

数据处理系统包括放大器、记录仪等部件。它的主要作用是将检测器系统所产生的随时间而变化的电信号记录下来，或自动处理分析数据并打印出分析结果。

活动二　使用气相色谱仪

1. 使用热导池检测器操作步骤

(1) 连接气路

① 连接钢瓶和减压接口［见图8-8(a)］。

② 连接减压阀与净化器［见图8-8(b)］。

③ 连接净化器与仪器接口［见图8-8(c)］。

④ 连接色谱柱（柱一头接汽化室，另一头接检测器）。

 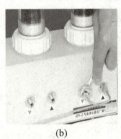 

(a)　　　　　　　　　(b)　　　　　　　　　(c)

图8-8　连接气路

(2) 仪器开机

① 逆时针打开载气钢瓶总阀［见图8-9(a)］；顺时针调节减压阀至压力表显示输出压力为0.2～0.4MPa［见图8-9(b)］。

② 打开载气稳压阀，调节稳压阀和针形阀，使流量计指示所需要的载气流量值。

③ 检查气路气密性　用毛笔将皂液涂于各接头处，看是否有气泡逸出，若有，如图8-10所示，则表明该处漏气，应重新拧紧，直到不漏气为止；若无，则表示不漏气，检漏完毕应使用干布将皂液擦净。

④ 调控温度　开启电源缓慢调节各温度调节旋钮，将汽化室、柱箱、检测器分别调控到所需温度。

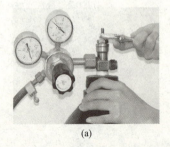 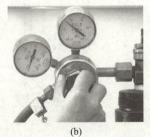

(a)　　　　　　　　　(b)

图8-9　仪器开机

项目八　气相色谱法测定苯系物的含量

⑤ 调节桥电流和池平衡　将桥电流调至所需要值,开启记录仪,反复调节"调零"和"池平衡",直到基线稳定为止。

⑥ 将衰减挡置于适当位置(若不需要衰减,则置于1/1处)。

图8-10　接口处漏气示意图

(3) 测量　待基线稳定后,用微量注射器(应先用丙酮或乙醚抽洗5～6次,再用被测试样抽洗5～6次)取所需量试样进样(如图8-11所示),同时记录色谱图及被测组分的保留时间或使用色谱数据处理机自动记录和处理数据。

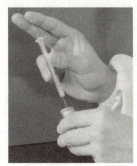   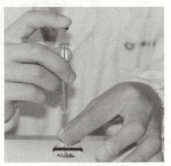

(a) 润洗后取样　　　(b) 排除气泡　　　(c) 调节至刻度　　　(d) 进样

图8-11　进样操作

(4) 关机　实验结束后,按开机步骤相反的顺序关机。

依次关闭记录仪、检测器各控温系统电源和总电源,待柱温降至近室温时,再关闭载气源。

 使用热导池检测器时,用何种气体为载气灵敏度最高?

2. 使用氢火焰离子检测器操作步骤

① 用与使用 TCD 相同的方法检查气密性、调节载气流量、调控温度。

② 调节氢气、空气流量　开启氢气钢瓶和空气压缩机,调节各自阀门,将氢气和空气流量调节到所需要的流量值。

③ 点火　开启氢焰检测器和记录仪电源,按下"点火"开关,若记录仪指针显著离开原来位置,表示火已点燃。点火后用"基始电流补偿"将记录笔调回指定位置。

④ 进样　用与 TCD 相同的方法进少量试样。

⑤ 关机　实验结束后,先关闭氢气和空气使火焰熄灭,再按使用 TCD 相同的步骤关闭电源和载气源。

化工分析

 根据图8-12所示的气相色谱流程图，你能说出气相色谱分析流程吗？

图 8-12　气相色谱流程示意图

3. GC7890Ⅱ型气相色谱仪

GC7890Ⅱ型气相色谱仪（如图 8-13 所示）具有高精度、高可靠的温度控制系统，双重稳定功能气路系统，简洁明了的人机对话界面，操作简便、易学、易用，具有多种进样器选择，多种检测器选择。

图 8-13　GC7890Ⅱ型气相色谱仪

（1）GC7890Ⅱ型气相色谱仪　主要由色谱柱、进样系统、检测器流量调节部分、键盘操作/显示部分等构成。仪器正面的左侧为色谱柱恒温箱及其大门，右侧上方为键盘操作/显示部分，右下方是流量调节部分。电源开关在仪器右侧的后下方，进样器和检测器都安装在仪器的顶部，使用仪器时要盖上顶部盖板。

（2）GC7890Ⅱ型的键盘操作与显示　使用键盘可以进行各种分析条件的设定，同时显示控制对象、设置参数、实际状态等大量信息。

菜单式操作，简单易懂。通过按键设置的参数，关机后能自动保存。再次开机时，仪器会自动按上次设置而保存的参数进行加热。显示与键盘操作部分各个按键的功能如图 8-14 所示。

详细的操作见仪器使用说明书。

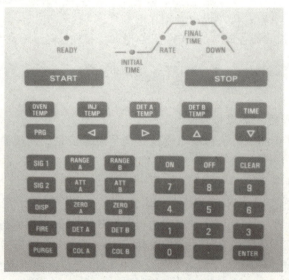

图 8-14　GC7890Ⅱ型控制面板及各个按键的功能

项目八 气相色谱法测定苯系物的含量

注意事项

1. 待载气流量稳定后再打开电源,然后设置汽化室、色谱柱、检测器的温度。
2. 色谱柱和检测器的温度下降到室温后,才可以停止载气通入。
3. 进样垫如果破损或污染,应及时更换。

讨论与交流

1. TCD 能否检测 CO_2?TCD 是否可以选用 N_2 做载气?
2. 在进行气相色谱分析时,若发现气路系统漏气,应如何解决?

延伸与拓展

气相色谱仪一般故障和排除方法

气相色谱分析中故障的发生主要来自分析条件、操作技术、样品和仪器四大因素,其常见故障的可能原因及排除方法见表 8-1。

表 8-1 气相色谱仪一般故障及排除方法

故障	可能原因	排除方法
进样后不出峰	检测器或放大器电源短路	检查并接通电源
	记录器输入线接错	改正记录器接线,并注意输入线屏蔽接地
	没有载气流过	供给载气并检查,若气路系统堵塞,设法排除,若气瓶无气,更换
	汽化室温度太低,样品不能汽化	升高汽化室温度
	记录仪失灵	维修或更换记录仪
	注射器漏气和堵塞	修理或更换
	进样口橡皮垫漏气	更换橡皮垫
	柱连接松动	拧紧
	氢焰检测器火灭	重新点火
	没有供给检测器电压	供给电压,检查接到检测器的电缆线
恒温操作时基线不规则漂移	仪器放置位置不适宜	仪器应改放地方,仪器不应置在热源和空气调节风扇附近,以及易受气流和环境温度变化影响的地方
	仪器没有很好接地	确保仪器和记录器在很好的地线上
	柱填充物流失	重新老化柱
	载气漏气	检查找出漏气处并进行处理
	柱出口到检测器的连接管被污染	清洗
	TCD 池体被污染	清洗池体
	检测器底座有污染(离子化检测器)	清洗检测器的底座或整个检测器
	检测器室的温度没有恒定(TCD)	盖紧检测器恒温箱的盖子等,使箱周围没有任何间隙让室内空气进去影响控温
	载气调节阀坏或操作不当	检查载气调节稳压阀和稳流阀,确保操作适当,还应保证让气源有足够的压力
	氢气和空气调节阀有毛病(仅指 FID)	检查氢气和空气的流量,确保适当的流速
	热导检测元件有毛病(仅指 TCD)	更换热导检测元件
	放大器失灵	对放大器进行维修
	热导检测器供给的电源部件失灵	检查或更换

续表

故障	可能原因	排除方法
基线有规律地出现尖刺或小峰	载气气路中有气泡等冷凝液 TCD 排气口皂膜流量计阻力太大 从氢气发生器来的水污染了氢气管路(对 FID) 电源有起伏 氢火焰离子头有积水	加热气路,驱除冷凝液 除去排气管中肥皂液 除去管路中的水或更换过滤器 加接稳压电源 除水
拖尾峰	汽化温度太高或太低 汽化室脏(样品或硅胶垫残留物) 柱温太低 进样技术太差 使用了不合适的柱,使样品和固定相或担体发生相互作用 同时有两个峰流出	调到合适的温度 清洗 增加柱箱的温度,但不能超过柱内固定相的最高温度 重复进样,提高技术 更换合适的柱,换用高固定相含量的柱或极性更大的固定液,惰性更大的载体 改变操作条件,必要时更换色谱柱
峰分不开	柱温太高 柱太短 柱液流失,柱失效 柱不合适,即选择的固定相和载体不合适 载气流量太大 进样技术差	降低柱温 增长柱子 换柱 选用不同柱子 减少载气流量 重复进样,提高技术

知识窗

微型气相色谱仪

微型气相色谱仪是将微制造技术与色谱分析仪原理相结合的新一代色谱仪器,它采用新的材料,微加工技术,以全新的概念与集成化设计思想来设计和生产色谱分析仪器,使得整个色谱仪整机体积与质量和笔记本电脑相仿,能耗减小 2 个数量级,分析灵敏度不变甚至提高,分析速度加快。由于整机的固态化,其耐振性、稳定性、抗干扰性、电源适配性和可靠性均优于常规色谱仪,微型气相色谱仪有以下特点:

① 体积小,质量轻,便于携带,它不仅适合于工业化现场测试及实验室中专用分析仪器,还特别能满足野外、军事、航天等领域的特殊分析要求。

② 操作简便,分析速度快,保留时间以秒计,非常适合于有毒、有害气体的监测和化工过程的质量控制检测。

③ 具有高可靠性、高性能,适合于不同的环境,可连续分析 2500000 次。

④ 消耗极低,省能源,在实验室使用这种仪器时,用一台普通的 300mL·min^{-1} 氢气发生器能给 10 台以上的微型气相色谱仪供气;40 台微型气相色谱仪的总功耗不足一台常规 GC 的功耗;能极大地降低运行费用。

⑤ 自动化程度高,可用笔记本电脑控制整个分析过程和数据处理,也可遥控分析。

⑥ 样品适用范围有限。目前市场上的微型气相色谱仪基本都采用 TCD,进样口温度不超过 150℃,因此主要用于常规气体分析,而不适用于高沸点样品的分析。

目前已开发出多种专用微型气相色谱仪,如天然气分析仪等。

项目八　气相色谱法测定苯系物的含量

任务二　气相色谱归一化法测定苯系混合物含量

> **任务目标**
>
> 1. 了解气相色谱有关术语及分离原理；
> 2. 学会测定峰高校正因子；
> 3. 学会使用归一化法对样品进行定量测定；
> 4. 能正确计算各组分的含量。

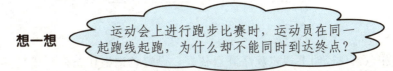

想一想：运动会上进行跑步比赛时，运动员在同一起跑线起跑，为什么却不能同时到达终点？

归一化法就是以样品中被测组分经校正以后的峰面积（或峰高），占样品中各组分经校正后的峰面积（或峰高）总和的比例，来表示样品中各组分含量的定量分析方法。其优点是进样量的多少与测定结果无关，操作条件的变化对定量结果的影响较小，它可以有效地减小进样量偏差所带来的误差，同时也可以在没有标准样品的情况下得到分析结果。其缺点是试样中所有组分必须全部流出色谱柱，并在色谱图（如图 8-15 所示）上出现所有组分色谱峰的情况。

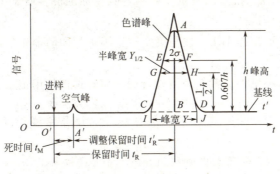

图 8-15　色谱流出曲线图及常用术语

由色谱柱流出物经检测器系统时，所产生的响应信号对时间或载气体积的曲线图称为色谱图。

图中 CGEAFHDJBIC 所包围的面积为峰面积（A），峰高和峰面积是气相色谱定量分析的依据。

活动一　准备仪器和试剂

仪器准备

气相色谱仪（具有恒温装置，并带有热导池检测器的任何型号），色谱柱（2m×5mm，固定相为 15% 邻苯二甲酸二壬酯，102 白色担体 60~80 目），微量注射器（10μL），记录仪（或色谱数据处理机），氢气钢瓶或氢气发生器。

试剂准备

苯（A.R.）、甲苯（A.R.）、乙苯（A.R.）。

活动二 测定操作

操作指南

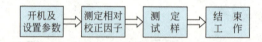

操作步骤

（1）按气相色谱仪说明书规定程序开启仪器，设置色谱操作条件：载气（H_2）流量为 $40mL \cdot min^{-1}$，柱温110℃，汽化室温度150℃，热导池检测器温度120℃，桥电流120mA，衰减比自行选择。打开色谱数据处理机，预热，稳定仪器。

（2）测定相对校正因子

① 用一干燥且洁净的小瓶，移取纯苯、甲苯、乙苯各3mL，每取一种物质称量一次，混合均匀，备用。

② 待基线平稳后，用清洗过的微量注射器，吸取标准混合液1μL进样，记录实验条件和分析数据，重复进样两次。

（3）试样测定 吸取试样1μL，在与测定校正因子相同的操作条件下进样分析，记录分析数据，重复进样两次。

（4）清洗进样器，关机，关载气，清理台面，填写仪器使用记录，并完成实验报告。

注意事项

1. 若峰信号超出量程以外，样品量可酌情减少，或者增加衰减比。
2. 载气至少通入30min，方可通桥电流。
3. 注意用电安全，湿手不要碰电源开关。

记录测定数据

1. 实验条件

检测器_____ 衰减_____

载气_____ 流速（mL·min^{-1}）_____ 柱前压（MPa）_____

桥电流（mA）_____ 柱温_____℃ 汽化温度_____℃

检测器温度_____℃ 进样量_____μL

2. 相对校正因子测定

样品	苯	甲苯	乙苯
m/g			
h/mm			

续表

样 品	苯		甲 苯		乙 苯	
$Y_{1/2}$/mm						
A/mm²						
f_{is}						
$\overline{f}_{is}$						

3. 未知样品测定

组 分	苯		甲 苯		乙 苯	
$\overline{f}_{is}$						
h/mm						
$Y_{1/2}$/mm						
A/mm²						
c_i/%						
$\overline{c}_i$/%						
相对平均偏差						

活动三　计算被测组分含量

在一定的操作条件下，检测器对某组分 i 的响应信号（峰面积 A 或峰高 h）与进入检测器组分 i 的量（质量 m 或浓度 c）成正比，即：

$$m_i = f_i A_i \text{ 或 } m_i = f_i h_i \tag{8-1}$$

这是气相色谱定量分析的依据。f_i 称为定量校正因子。

1. 计算峰面积

$$A = 1.065 h Y_{1/2}$$

也可用数据处理机自动积分计算出峰面积。

2. 计算定量校正因子

峰面积的大小不仅与组分的量有关，还与检测器的性能有关，同一检测器测定相同质量的不同组分时，产生的峰面积不同，要用"定量校正因子"来校正。定量校正因子分为绝对校正因子（f_i）和相对校正因子（f_i'）。

绝对校正因子

$$f_i = \frac{m_i}{A_i} \tag{8-2}$$

绝对校正因子 f_i 不易测准，故实际工作中常用的是相对校正因子。

$$f_i' = \frac{f_i}{f_s} = \frac{m_i/A_i}{m_s/A_s} = \frac{m_i A_s}{m_s A_i} \tag{8-3}$$

式中　A_i，A_s——组分 i 和标准物 s 的峰面积；
　　　m_i，m_s——组分 i 和标准物 s 的质量。

以苯为标准物，按式(8-3)计算苯、甲苯、乙苯相对校正因子。

3. 归一化法计算各组分含量

假设试样中有 n 个组分，各组分的质量分别为 m_1，m_2，$\cdots$，m_n，各组分质量的总和为 m，则试样中任一组分 i 的质量分数 w_i 的计算公式为：

$$w_i = \frac{m_i}{m} \times 100\% = \frac{m_i}{m_1 + m_2 + \cdots + m_n} \times 100\%$$

$$= \frac{A_i f_i'}{A_1 f_1' + A_2 f_2' + \cdots + A_n f_n'} \times 100\% \tag{8-4}$$

也可用峰高代替峰面积来计算。

按式(8-4)计算苯、甲苯、乙苯的含量。

了解测定原理

邻苯二甲酸二壬酯是一种常用的中等极性的固定液,用它作为固定相制备色谱柱(DNP柱),在一定的色谱操作条件下,对一些简单的苯系化合物、异构化合物,可以完全分离,所得色谱图如图8-16所示。可采用归一化法计算各组分含量。

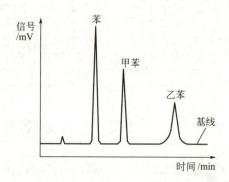

图8-16 苯、甲苯、乙苯混合试样色谱图

多组分试样在色谱柱内的分离过程,如图8-17所示。若固定相为固体吸附剂,随着载气的流动,被测组分在固定相表面进行反复多次的吸附、脱附过程。只要混合物中各组分被固定相吸附的难易程度稍有不同,即可得到分离。

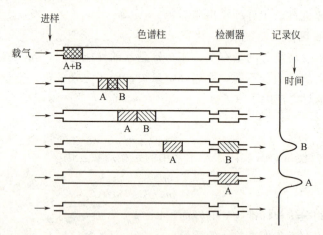

图8-17 试样在色谱柱中的分离过程

若固定相为液相,混合物中各组分在色谱柱内经过反复多次溶解、挥发过程,使溶解度小的组分先流出色谱柱,溶解度大的组分后流出色谱柱。

 气相色谱分离原理是什么?

项目八 气相色谱法测定苯系物的含量

组分在固定相和流动相（载气）之间发生的吸附和脱附或溶解和挥发的过程称为分配过程，如图 8-18 所示。一般用分配系数 K 表示：

$$K = \frac{\text{组分在固定相中的浓度}}{\text{组分在流动相中的浓度}} = \frac{c_s}{c_g} \tag{8-5}$$

图 8-18　组分在流动相和固定相中的分配过程

色谱分离的实质是利用不同物质在两相（固定相和流动相）中具有不同的分配系数（或吸附系数）而分离。

载气的流速、柱温等操作条件影响分离效果，当选定了固定相后，为了使试样中各组分能在较短时间内获得最佳的分离效果，必须选择适当的分离操作条件。

柱温对组分分离的影响如图 8-19 所示，所以要严格控制。

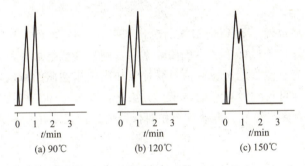

图 8-19　柱温对组分分离的影响

在进行色谱分析时，进样量与进样操作对分析结果有影响，对于内径为 3~4mm，柱长 2m 的色谱柱，一般液态样品适宜的进样量为 0.1~10μL，气态样品适宜的进样量为 0.1~10mL；进样操作要稳当、连贯、迅速。

> **讨论与交流**
>
> 请总结以下情况是基于什么的不同？
> 1. 几个人逛同一条街，有的人需 2h，有的人却只要 30min；
> 2. 用筛子可以使不同直径的颗粒分开。

延伸与拓展

气相色谱定性分析方法

色谱定性分析的目的是确定每个色谱峰代表何种组分，其理论依据是：在一定的固定相和一定的操作条件下，每种物质都有各自确定的保留值，并不受其他组分的影响。但在同一色谱条件下，不同的物质也有可能具有相似或相同的保留值。所以，对于一个完全未知的混合样品，单用色谱法是难以定性的。目前主要是利用已知物对照定性。当缺乏已知纯物质

化工分析

时,可用化学分析或其他仪器分析相结合的方法定性。气相色谱定性分析的方法有:利用已知物定性,利用保留指数定性,联机定性等,这里仅介绍较为常用的利用已知物定性。

利用已知物定性

(1) 利用保留值定性 在相同条件下,将试样、已知纯物质分别进样后,比较各色谱峰的保留值,即可判断试样中某组分是否存在,如图 8-20 所示。

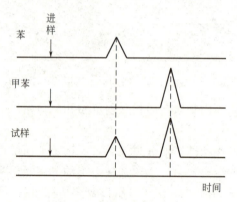

图 8-20 利用保留时间定性

(2) 利用峰高增高定性 得到未知样品色谱图后,在试样中加入一定量的已知标准物质,在相同条件下进样,若试样中某一色谱峰增高,则该峰就是加入的纯物质的色谱峰。

(3) 用相对保留值定性 相对保留值只受柱温和固定相性质的影响,因此在柱温和固定相一定时,用它来定性可得到较可靠的结果。方法是:在某一固定相及柱温下,分别测出组分 i 和基准物质 s 的调整保留值,再计算出相对保留值。用已求出的相对保留值与相应的文献值比较即可定性。

任务三 内标法测定甲苯含量

任务目标

1. 学会使用氢火焰离子化检测器;
2. 能用内标法测定试样中待测组分含量;
3. 能正确计算甲苯含量。

想一想：某甲苯试剂,含有较多杂质,现欲用气相色谱法FID,且部分杂质FID无响应,如何检测?

气相色谱内标法就是将一定量某种样品中不存在的标准物质(称内标物 s),加入到一定量的样品中,混合均匀后在一定操作条件下注入色谱仪,出峰后分别测量组分(i)和内标物(s)的峰面积(或峰高),根据内标物和试样的质量及相应的峰面积来计算被测组分含量的方法。当只需测定试样中某几个组分的含量或试样中的组分不能全部出峰时,可采用内标法进行定量检测。

项目八　气相色谱法测定苯系物的含量

内标法的优点是：进样量的不准、色谱条件的微小变化对定量结果几乎不产生影响，所以准确度比较高。缺点是选择合适的内标物比较困难，每次分析都要准确称取样品和内标物的质量，操作比较复杂，不适于快速控制分析。

活动一　准备仪器和试剂

仪器准备

气相色谱仪（带 FID 的任何型号），色谱柱（邻苯二甲酸二壬酯为固定相），H_2 钢瓶（或 H_2 发生器），N_2 钢瓶，空气压缩机，微量注射器（10μL），2 支医用注射器（1mL），2 个带胶塞的小瓶。

试剂准备

苯（GC 级）、甲苯（GC 级）、甲苯试样（CP 级）。

活动二　测定操作

操作指南

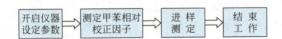

操作步骤

① 打开载气（N_2）钢瓶总阀，调节输出压力为 0.4MPa。打开载气净化气开关，调节载气至合适柱前压，控制载气流量约 30mL·min^{-1}。按仪器说明书规定的操作程序开启色谱仪。

② 设置色谱操作条件　柱温：100℃；汽化室温度：130℃；检测器（FID）温度：120℃；载气（N_2）流量 20~30mL·min^{-1}；燃气（H_2）流量 20~30mL·min^{-1}；助燃气（空气）流量 500~600mL·min^{-1}。

③ 配制甲苯标准溶液　取一个干燥洁净带胶塞的小瓶（青霉素瓶），称其质量（称准至 0.001g，下同），吸取 1mL 色谱纯甲苯注入小瓶内，称出质量，计算出甲苯质量；再吸取 0.5mL 色谱纯苯注入瓶内，再称其质量，摇匀。

④ 测定甲苯校正因子　待基线稳定后，先用丙酮或乙醚抽洗 5~6 次，再用欲吸取的溶液抽洗微量注射器 5~6 次后，吸取 0.2~0.4μL 标准溶液注入色谱仪，得一色谱图，分别测量苯和甲苯峰高，重复测定三次。

⑤ 配制甲苯试样溶液　另取一干燥洁净的试剂瓶（青霉素瓶），先称出瓶的质量，然后吸取 1mL 甲苯（CP. 级）注入瓶中，称其质量；再吸取 0.1mL 色谱纯的苯（内标物）注入瓶内，称量后，混匀。然后与③相同的方法将试样注入色谱仪进行测定。重复测定三次。

⑥ 清洗进样器，关机，关载气，清理台面，填写仪器使用记录，并完成实验报告。

记录测定数据

项目		h/mm^2				m/g
		1	2	3	平均值	
苯	标准溶液					
	试样溶液					
甲苯	标准溶液					
	试样溶液					

活动三　计算测定结果

(1) 甲苯相对校正因子按公式(8-6)计算：

$$f_i' = f_i/f_s = \frac{m_i h_s}{m_s h_i} \tag{8-6}$$

式中　i，s——待测组分（甲苯）和内标物（苯）；

　　　h_i，h_s——待测组分（纯甲苯）和内标物（纯苯）的峰高；

　　　m_i，m_s——待测组分（纯甲苯）和内标物（纯苯）的质量，g。

(2) 试样中甲苯含量按公式(8-7)计算。

称取的试样质量为 m，试样中加入的内标物质量为 m_s，则

$$w_i = \frac{m_i}{m} \times 100\% = \frac{h_i}{h_s} \cdot \frac{m_s}{m} f_i' \times 100\% \tag{8-7}$$

式中　h_i，h_s——待测组分（甲苯）和内标物（苯）峰高；

　　　m，m_s——甲苯试样和内标物（苯）的质量，g。

 若采用峰面积校正因子，测定的是峰面积，则如何计算甲苯含量？

 欲检测白酒中主成分乙醇的含量，你知道可以用气相色谱的哪种定量方法进行检测吗？请说说选择这种方法的理由？

知识窗

苯及苯系物的危害

　　室内装饰中多用苯、甲苯、二甲苯作为各种胶、油漆、涂料和防水材料的溶剂或稀释剂，目前苯系化合物已经被世界卫生组织确定为强烈致癌物质。新装修的房间内常有较高浓度苯系混合物的蒸气，人短时间接触高浓度苯及其化合物易引起急性中毒，出现神经衰弱症状，如头痛、头晕、疲劳乏力、睡眠不好、记忆力减退等。

　　若长期接触超过一定浓度的苯及其化合物可引起慢性中毒，出现造血系统损害，如白细胞减少、贫血等，严重时导致白血病。皮肤长期接触苯及苯系物可使皮肤干燥、皲裂，敏感者容易出现皮疹、湿疹、毛囊炎及脱脂性皮炎、肾和肝暂时性损伤等疾病。

项目八　气相色谱法测定苯系物的含量

延伸与拓展

外标法测定水中乙醇的含量

任务目标

1. 能熟练、规范使用气相色谱仪；
2. 熟练掌握用微量注射器进样技术；
3. 学会用外标法的单点校正（比较）法测定样品中被测组分含量；
4. 能正确计算被测组分的含量。

想一想：什么是气相色谱外标分析法？适用于什么情况？

外标法是用被测组分的纯物质，配成一系列不同浓度的标准溶液，分别取一定量标准溶液进行色谱分析，得到相应的色谱峰。绘制峰面积（或峰高）对浓度的标准曲线，如图8-21所示。在相同操作条件下，取相同量的未知试样分析，根据被测组分的峰面积（或峰高），从标准曲线上查出被测组分的浓度。

当试样中被测组分浓度变化不大时，可不必制作标准曲线，可用单点校正法测定，即配制一个与被测组分含量十分接近的标准溶液，分别分析相同量的试样和标准溶液，由被测组分和标准溶液的峰面积（或峰高）比，可直接求出被测组分的含量。

外标法的优点是：不必求定量校正因子、操作方便、计算简单。但外标法对操作条件的稳定性和进样量的重现性要求比较高，因此容易出现较大误差，适用于工厂常规分析。

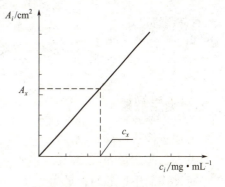

图 8-21　外标法标准曲线

活动一　准备仪器和试剂

仪器准备

气相色谱仪（带有热导池检测器的任何型号），色谱柱（长 2m，内径为 3～4cm，内装 GDX101 固定相），微量注射器（10μL），记录仪（或色谱数据处理机），碘量瓶（100mL），万分之一分析天平，氢气钢瓶或氢气发生器。

试剂准备

经 5A 分子筛脱水的无水乙醇（A.R.），乙醇试样。

活动二 测定操作

操作指南

操作步骤

① 按仪器说明书规定操作程序开启色谱仪。

② 设置色谱操作条件：载气（H_2）流速 40mL·min^{-1}，柱温 110℃，汽化室温度 150℃，检测器温度 115℃，桥电流 100mA，衰减比 1∶1。待基线平稳后即可进样。

③ 配制标准样品 准确称取 15g（称准至 0.0002g）蒸馏水和 5g（称准至 0.0002g）无水乙醇，置于干净、干燥的 100mL 碘量瓶中，盖上瓶塞，摇匀备用。

④ 在完全一致的条件下，分别取 1μL 外标标准样品和乙醇试样进样，各重复进样三次。

⑤ 清洗进样器，关机关载气，清理台面，填写仪器使用记录。

注意事项

1. 操作过程中，保证样品瓶密封。
2. 进样量要准确，要严格控制操作条件。
3. 注意用电安全，湿手不要碰电源开关。

记录测定数据

称取蒸馏水质量 m(水)：_____ g；

称取乙醇质量 m(乙醇)：_____ g。

标准样品中乙醇的含量为：

$$w_s = [乙醇质量 \div (乙醇质量 + 蒸馏水质量)] \times 100\%$$
$$= m(乙醇) \div [m(乙醇) + m(水)] \times 100\%$$

项目	乙醇峰面积/mm^2				乙醇含量(w_i)				相对极差
	1	2	3	平均值	1	2	3	平均值	
标准样品									
试样									

了解测定原理

以 GDX 为固定相，利用高分子多孔微球的弱极性和强憎水性，可分析有机物（醇类、酮类、醛类、烃类、氯代烃类、酯类和部分氧化剂、还原剂）及微量水分。GDX 的特点是水保留值小，水峰陡而对称，从而使水峰在有机溶剂峰之前流出（如图 8-22 所示）。样品中的各组分完全分离，用热导池检测器，采用外标法进行定量。

项目八　气相色谱法测定苯系物的含量

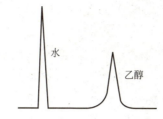

图 8-22　外标法测水中乙醇的色谱图

活动三　计算被测组分含量

单点校正法根据所得峰面积可以直接计算被测组分的含量。

$$w_i = \frac{A_i}{A_s} w_s \quad \text{或} \quad w_i = \frac{h_i}{h_s} w_s \tag{8-8}$$

式中，w_s 和 A_s 分别为已知标准样品中被测组分的含量和峰面积；w_i 和 A_i 分别为被测试样中被测组分的含量和峰面积。

利用公式(8-8)计算样品中乙醇含量。

> **讨论与交流**　外标法最大的优点是什么？外标法定量分析的关键是什么？

项目小结

气相色谱仪
　① 气相色谱仪组成部件
　① 气相色谱仪操作方法
　① 气相色谱分析流程
　① 一般故障及排除方法
归一化法测定苯系混合物含量
　① 色谱图及相关的术语
　① 测定相对校正因子
　① 试样测定及组分含量计算
　① 气相色谱分离原理
内标法测定甲苯含量
　① 内标法及其特点
　① 测定操作及甲苯含量计算
外标法测定水中乙醇含量
　① 外标法及测定原理
　① 乙醇含量测定及结果计算

练一练

一、判断题（对的打"√"；错的打"×"）

1. 调整保留时间是减去死时间以后的保留时间。（ ）
2. 根据色谱柱固定相物态的不同，气相色谱可分为气-固色谱和气-液色谱两种类型。（ ）
3. 热导池检测器的检测原理是基于载气与被测组分蒸气的热导率不同。（ ）
4. 气相色谱分析用外标法进行定量计算时，不需要校正因子。（ ）
5. 峰宽的一半就是半峰宽。（ ）
6. 氢火焰离子检测器灵敏度比较高，它对所有的物质都有响应。（ ）
7. 色谱法只能用于分析有色物质，不能用于分析无色物质。（ ）
8. 采用归一化法定量的前提是试样中所有组分完全分离，且全部出峰。（ ）

二、选择题

1. 气相色谱仪各部件中，起分离作用的是（ ）；起检测作用的是（ ）。
   A. 净化器   B. 色谱柱   C. 汽化室   D. 热导池
2. 在气相色谱分析中，液体样品通常采用（ ）进样。
   A. 六通阀   B. 医用注射器   C. 球胆   D. 微量注射器
3. 正确开启气相色谱仪的程序是（ ）。
   A. 先送电后送气   B. 先送气后送电
   C. 同时送气送电   D. 怎样开启都可以
4. 气相色谱归一化法定量分析的优点是（ ）。
   A. 不需要校正因子   B. 不需要准确进样
   C. 不需要定性   D. 所有组分都出峰
5. 气相色谱定性分析的参数是（ ）。
   A. 保留值   B. 峰面积   C. 峰高   D. 半峰宽
6. 气相色谱定量分析的参数是（ ）。
   A. 保留时间   B. 保留体积   C. 半峰宽   D. 峰面积和峰高
7. 使用热导池检测器时，选用（ ）作为载气灵敏度最高。
   A. H_2 B. He   C. Ar   D. N_2
8. 热导池检测器用符号（ ）表示；氢焰检测器可用符号（ ）表示。
   A. FID   B. ECD   C. TCD   D. FPD
9. 使用氢焰检测器时，一般选用（ ）作为载气。
   A. H_2 B. He   C. Ar   D. N_2
10. 调整保留时间 t_R' 与死时间 t_M 和保留时间 t_R 的关系是（ ）。
    A. $t_R'=t_M-t_R$ B. $t_R'=t_R-t_M$ C. $t_R'=t_R+t_M$ D. $t_R=t_R'-t_M$

三、填空

1. 气相色谱分析是采用_____作为流动相的色谱法，用作流动相的惰性气体称为

项目八 气相色谱法测定苯系物的含量

_____。液相色谱法的流动相是_____；色谱法的最大特点是_____。

2. 气固色谱是利用_____对各组分_____的不同而进行分离的；气液色谱则是利用_____对各组分_____的不同而进行分离的。气相色谱定性分析的依据是_____，定量分析的依据是_____。

3. 气相色谱仪的型号很多，但其基本结构是相同的，都是由_____、_____、_____、_____和_____等构成。

4. 在一定操作条件下，组分在固定相和流动相之间的分配达到平衡时，组分在两相中的浓度之比，称为_____。

5. 不被固定相吸附或溶解的气体（如空气、甲烷），从进样开始到柱后出现浓度最大值所需的时间称为_____。

6. 气相色谱分析的流程是样品进入汽化室，汽化后的试样经_____分离，然后各组分依次流经_____，将各组分的物理或化学性质的变化转换成电信号输给记录仪，描绘成色谱图。

四、计算题

1. 用气相色谱法分析甲醛样品（内含甲醇和水），色谱分析后得如下数据：

组分	甲醛	甲醇	水
峰面积 A_i/cm²	4.2	0.71	5.4
相对校正因子（f_i'）	0.82	0.58	0.55

用归一化法计算各组分的含量。

2. 已知某石油裂解气，经气相色谱定量测出各组分峰面积 A_i 及相对质量校正因子 f_i' 列于下表中。假定全部组分都在色谱图上出峰，计算各组分的质量分数。

出峰次序	空气	甲烷	二氧化碳	乙烯	乙烷	丙烯	丙烷
峰面积 A_i	34	3.14	4.6	298	87	260	48.3
相对校正因子 f_i'	0.84	1.00	1.00	1.00	1.05	1.28	1.36

3. 已知某试样含甲酸、乙酸、丙酸、水及苯等。现称取试样 1.0550 g、内标物环己酮 0.1097 g，混合后取 3 μL 试液进样，从色谱流出曲线上测量出峰面积及有关的相对校正因子列于下表，计算试样中甲酸、乙酸、丙酸的质量分数。

出峰次序	甲酸	乙酸	环己酮	丙酸
峰面积 A_i	15.8	74.6	135	43.4
校正因子 f_i'	3.83	1.90	1.00	1.066

4. 用外标法测定乙烯中微量乙炔时，在相同条件下，测得标准样和试样中乙炔的峰面积分别为 24 mm² 和 18 mm²，已知标准样中乙炔的含量为 1.98 mL·m⁻³，计算乙烯中乙炔的含量。

*项目九　化工物料的物性测试

学习导向

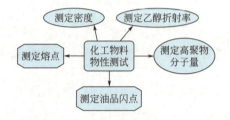

化工产品物理常数的测定，是判断产品的纯度和产品定级的重要手段。对于固态物料，一般要求测定熔点、凝固点；液态物料要求测定沸点、沸程、密度、黏度及折射率等；具有旋光性的物料还要求测定比旋光度；石油产品还要求测定闪点和燃点等。

任务一　测定化工物料的熔点

任务目标

1. 了解测定熔点的基本原理和意义；
2. 了解双浴式熔点测定装置和提勒管式熔点测定装置的结构；
3. 了解微机熔点仪的结构、原理；
4. 能用提勒管熔点测定装置和微机熔点仪测定固体物质熔点；
5. 能正确记录测定数据、计算测定结果。

想一想：冬天，当气温降到0℃时河水会结冰，这时海水是否会结冰？

物质的熔点是指在101.3kPa（1atm）的压力下，由固态转变为液态时的温度。纯净物由固态转变为液态时的温度变化非常敏锐，从初熔到全熔的温度范围（即熔点范围）常在1℃以内。如果物质中含有少量杂质，则熔点降低，熔点范围显著增大。熔点常常用来识别物质和定性检验物质的纯度。

测定熔点常用的方法有毛细管法和熔点仪法，其中毛细管法是最常用的基本方法。毛细管法测熔点的热浴装置又称熔点浴。常用的熔点浴有双浴式和提勒管（Thiele）式。目前，较为先进的数字熔点仪，在化学工业、医药研究中得到了广泛的应用。

* 项目九　化工物料的物性测试

认识毛细管法测定熔点装置及微机熔点仪

毛细管法测定熔点，所用熔点浴有双浴式和提勒管式两种。

1. 双浴式熔点测定装置

双浴式熔点测定装置如图 9-1 所示，由温度计、毛细管、试管及短颈圆底烧瓶等组成，在试管和短颈烧瓶内分别装有热浴载热体。毛细管内装有固体样品，由温度计指示出熔点范围。

双浴式熔点测定装置为国家标准中规定的熔点测定装置，主要用于权威性的测定。其特点是样品受热均匀，测量温度可进行露茎校正，精确度较高。

2. 提勒管式熔点测定装置

提勒管式熔点测定装置如图 9-2 所示，由提勒管（b 形管）、温度计和毛细管组成。提勒管内装有热浴载热体。这是目前实验室中较为广泛使用的熔点测定装置。

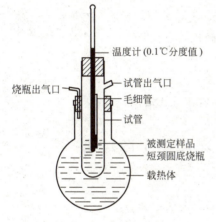

图 9-1　双浴式熔点测定装置

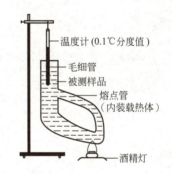

图 9-2　提勒管式熔点测定装置

该测定装置的特点是操作简便、浴液用量少，加热快，冷却也快，节省时间。但在加热时管内温度不均匀，使测得的熔点不够准确，可用于一般产品的测定。

 这两种熔点测定装置的特点有何不同？如何选用？

3. 熔点浴中所用载热体

熔点在 90℃ 以下用水；熔点在 90℃ 以上 230℃ 以下用液体石蜡或甘油；熔点在 230℃ 以上用浓硫酸。

4. 微机熔点仪

WRS-2A 微机熔点仪，如图 9-3 所示，仪器的前面有液晶显示屏、键盘和复位键，顶部是毛细管插口，后面有电源开关、电源插座、保险丝座（2 个）、RS232 接口等。采用的是光电检测，液晶显示等技术，具有初熔、终熔温度自动显示，自动记录熔化曲线，自动求取熔点的平均值的功能。仪器工作参数可自动储存，具有自动测量的功能。

图 9-3　WRS-2A 微机熔点仪

化工分析

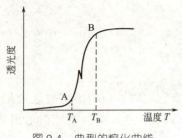

图 9-4 典型的熔化曲线

WRS-2A 微机熔点仪的工作原理：物质在结晶状态时反射光线，在熔融状态时透过光线。因此，物质在熔化过程中随着温度的升高会产生透光度的跃变。图 9-4 是典型的熔化曲线。图中 A 点所对应的温度 T_A 为初熔点；B 点所对应的温度 T_B 为终熔点；AB 为熔程（熔点范围）。

活动一　准备仪器和试剂

仪器准备

酒精灯、提勒管、S 扣、温度计（200℃、0.1℃值）、铁架台、铁夹、玻璃管（0.5cm×40cm）、熔点管、表面皿、橡皮圈、WRS—2A 微机熔点仪。

试剂准备

苯甲酸（A.R）、萘（A.R）、粗甘油或液体石蜡（热浴用）。

活动二　毛细管法测定苯甲酸熔点

操作指南

操作步骤

（1）热浴的准备与安装　把提勒管（b 形管）垂直固定在铁架台上，装入浴液至液面刚到侧管上口沿。

（2）样品的装填

① 取约 0.1g 干燥的苯甲酸样品置于研钵中，将其研细并集成小堆。

② 把毛细管开口一端垂直插入堆集的样品中，使一些样品进入管内。

③ 取一根长约 400mm 的干燥玻璃管直立于瓷板或玻璃板上，将装有样品的毛细管（熔点管管口向上）经玻璃管自由落下，反复几次，直至毛细管内的样品紧缩至 2～3mm 高。如图 9-5 所示。

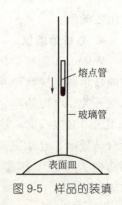

图 9-5 样品的装填

为什么样品必须干燥、研细，且在毛细管内要紧密？

* 项目九　化工物料的物性测试

（3）安装装置

① 如图9-6所示，将装有样品的毛细管附于温度计上。

② 温度计水银球的中部与样品层面在同一高度，温度计的刻度值应置于塞子开口侧并朝向操作者。

③ 将熔点管附于温度计的侧面，把温度计安装在提勒管中两侧管之间（不可碰到器壁及底部）。

④ 将提勒管固定在铁架台上，如图9-2所示，装入浴液。

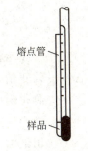

图9-6　熔点管的位置

 为什么要求温度计水银球的中部与样品在同一层面高度？

（4）加热测熔点

① 用酒精灯在侧管顶端的底部加热，控制升温速度约为 $5℃·min^{-1}$。

② 当温度升至110℃时，移动酒精灯，使升温速度减慢至 $1℃·min^{-1}$，接近120℃时，将酒精灯移至侧管边缘处缓慢加热，使温度上升更慢些。

③ 当发现样品出现潮湿或塌陷时，记录此时的温度，即为初熔温度。

④ 当样品完全熔化，呈透明状时，再记下温度，此时的温度即为全熔温度。初熔至全熔的温度即为该物质的熔点或称熔点范围。样品全熔后，撤离并熄灭酒精灯。

 加热过程中，如何准确控制升温速度？

⑤ 待温度下降10℃以上后，取出温度计，将熔点管弃去，换上另一支装有样品的熔点管，待浴液冷却至低于样品熔点30℃以下，重复测定一次。

注意事项

1. 样品要干燥、研成细粉末、装填要结实、装入量不能过多。
2. 导热液的液位应略高于提勒管上叉口。
3. 升温速度应慢，升温速度过快，会使熔点偏高。温度计不能立即用冷水冲。

记录测定数据

样品	序号	初熔温度/℃	终熔温度/℃	平均值/℃	文献值/℃
苯甲酸	1				
	2				

活动三　计算测定结果

用提勒管式装置测定的熔点，通常只需将测定结果进行温度计示值校正即可。若采用双浴式装置进行精密度较高的测定时，需对测定结果进行温度计示值校正和露茎校正。

若测定中使用的是全浸式温度计，则熔点为：

$$T = \Delta t + t_1$$
$$\Delta t = 0.00016(t_1 - t_2)h \tag{9-1}$$

式中　T——校正后样品的熔点，℃；

　　　Δt——修正值，℃；

　　　t_1——测得温度计读数，℃；

　　　t_2——露出液面或胶塞部分水银柱的平均温度（由辅助温度计测得，其水银球位于露出液面或胶塞部分的水银柱中部），℃；

　　　h——温度计露出液面或胶塞部分的水银柱的读数，℃。

活动四　微机熔点仪法测定萘熔点

操作步骤

① 测定前准备　开启电源开关，预热20min，装填好样品（方法同上）。

② 设置参数　通过键盘修改起始温度为70℃，并按"'"键确认，若起始温度不需修改可直接按"'"键；输入升温速率3℃·min^{-1}，按"'"键确认。可通过光标移动键，修改起始温度或升温速率。

③ 当实际炉温达到预设温度并稳定后，插入样品毛细管（WRS—2A 可同时插入三支毛细管，WRS—2 只可插入一支毛细管）。

④ 按升温键，操作提示显示"↑"。当达到初熔点和终熔点时，仪器自动显示，同时显示熔化曲线。记下数据，平行测定三份。

注意：若需测量另一新样品，输入完"起始温度"并按"'"键后，原先的曲线将自动消除，开始下一样品的测量。

记录与处理测定数据

样品	序号	初熔温度/℃	终熔温度/℃	平均值/℃	文献值/℃
萘	1				
	2				
	3				

注意事项

1. 设定起始温度切勿超过仪器使用范围（<300℃）。
2. 被测样品最好一次填装5根毛细管。
3. 毛细管插入仪器前要用软布将外面擦干净。

讨论与交流

1. 将已测过熔点的毛细管冷却，待样品固化后能否再用作第二次测定？为什么？
2. 升温速率不同，对测定结果有什么影响？

练一练

一、判断题（对的打"√"，错的打"×"）

1. 熔点是指物质由固态转变为液态时的温度。（   ）
2. 纯净物有固定熔点。（   ）
3. 物质中若含有少量杂质，会使熔点升高，且使熔距变宽。（   ）
4. 毛细管法测定熔点，双浴式测定结果比提勒管式要准确。（   ）
5. 物质的熔点在90～230℃时，热浴液通常选用浓硫酸。（   ）
6. 测物质的熔点时，所用的样品要干燥、研细、填装要紧密。（   ）
7. 加热升温，速度不应过快，应使温度保持在（1±0.1）℃。（   ）
8. 平行测定时，可以用上次用过的样品熔点管。（   ）
9. 采用提勒管式测定的熔点，只需将测定结果进行温度计示值校正。（   ）
10. 加热升温是影响熔点测定结果的关键因素之一。（   ）
11. 如果熔化曲线长时间不连续，测定结果是无效的。（   ）

二、选择题

1. 若物质的熔点在230℃以上时，选用的热浴液是（   ）。
   A. 水   B. 液体石蜡   C. 甘油   D. 浓硫酸
2. 国家标准中规定的熔点测定装置是（   ）。
   A. 双浴式熔点测定装置   B. 提勒管式熔点测定装置
   C. 微机熔点仪   D. 其他装置
3. 温度接近熔点时，温度上升保持在（   ）。
   A. 约5℃·min^{-1} B. 约3℃·min^{-1}
   C. 约1℃·min^{-1} D. 约0.3℃·min^{-1}
4. WRS-2A 微机熔点仪开启电源，需稳定在（   ）。
   A. 20min 以上   B. 10min 左右   C. 5min 左右   D. 不需要稳定

三、填空题

1. 常用的熔点浴有_____和_____两种。
2. 温度计水银球的中部与样品层面在_____高度。
3. 当样品完全熔化时，记录的温度为_____温度。
4. 采用双浴式进行精密度较高的测定时，需对测定结果进行_____校正和_____校正。
5. WRS-2A 微机熔点仪具有初熔、终熔温度_____，自动记录_____，自动求取_____的功能。
6. WRS-2A 微机熔点仪的工作原理基于，物质在结晶状态时_____光线，在熔化状态时_____光线。
7. 用 WRS-2A 微机熔点仪测熔点时，当实际炉温达到预设温度并稳定后，插入_____。
8. 用 WRS-2A 微机熔点仪测熔点时，_____和_____对测定结果有影响，应制定一定的操作规范。

四、问答题

1. 为什么熔点可以检验物质的纯度？
2. 测定苯甲酸的熔点，采用提勒管热浴装置时，其操作步骤是什么？
3. 测定萘的熔点，采用 WRS—2A 微机熔点仪时，其操作步骤是什么？

任务二　测定液态物料的密度

任务目标

1. 了解密度计法和密度瓶法测定原理；
2. 能用密度计法和密度瓶法测定液体密度；
3. 能正确记录测定数据、计算测定结果。

想一想：冰与水共存时，为什么冰会浮在水的上面？

单位体积物质的质量称为该物质的密度，以 ρ 表示，单位是 $kg \cdot m^{-3}$。密度是物质的重要物理参数之一，物质的纯度不同，密度也不同。因此测定密度可以鉴别不同的化合物，也可以检验化合物的纯度。密度在物质的萃取、分离过程中也具有重要的意义。

测定液体物质的密度常用密度计法、密度瓶法及韦氏天平法。对极易挥发的油品或有机溶剂，测定其密度不宜用密度瓶法，宜用韦氏天平法测定。

认识密度计及密度瓶

1. 密度计

密度计（如图 9-7 所示）是一支封口的玻璃管，中间部分较粗，内有空气，下部装有小铅粒形成重锤，能使密度计直立在水中。上部较细，管内装有刻度标尺，可以直接读出相对密度值。液体的密度愈大，密度计在液体中漂浮愈高；液体的密度愈小，则沉没愈深。密度计有轻表和重表两种。轻表用于测量密度小于 $1000 kg \cdot m^{-3}$ 的液体的密度，重表用于测量密度大于 $1000 kg \cdot m^{-3}$ 的液体的密度。

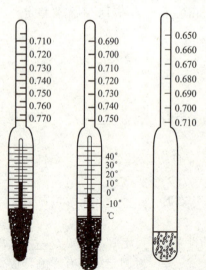

图 9-7　不同量程密度计

为什么密度计的刻度标尺表示的是相对密度值，而不是密度值？

密度计是根据阿基米德浮力原理设计的，即当物体全部浸入液体中时，所受的浮力或减轻的重量，等于物体所排开液体的重量。根据密度计浮于液体的位置，可直接读出所测液体试样的密度。

一套密度计由量程不同的多支组成，每一支密度计都有相应的密度测量范围,使用时可以根据待测液体密度大小的不同选择合适的密度计。

密度瓶因形状和容积大小不同有各种规格,常用的容积有 5mL、10mL、25mL 和 50mL 等,一般为球形。

2. 密度瓶

精密密度瓶(如图 9-8 所示),为国家标准规定使用的密度瓶,带有特制的温度计并具有磨口帽小支管,主要用于权威性的鉴定。实验室中一般采用普通密度瓶(如图 9-9 所示)。

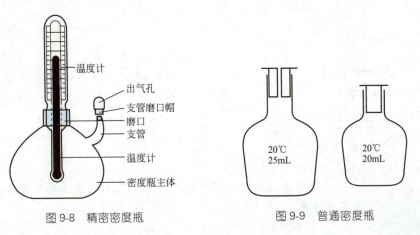

图 9-8　精密密度瓶　　　　图 9-9　普通密度瓶

活动一　准备仪器及试剂

仪器准备

密度计(一套)、玻璃圆筒、温度计(分度值为 1℃)1 支、密度瓶(25～50mL 任取一种)、恒温水浴(±0.1℃)、分析天平、电吹风。

试剂准备

乙醇(A.R.)、乙醚(洗涤用)。

试样准备

丙酮、甘油或乙二醇。

活动二　密度计法测定丙酮的密度

密度计法是工业上常用的一种测定液体相对密度的方法。其操作简便,可以直接读数,适用于样品量多,而测定结果又不需要十分精确的场合。

操作步骤

① 将丙酮样品小心倾入清洁、干燥的适当容积的干燥量筒中。

② 估计样品的密度范围,然后小心地将密度计垂直插入待测样品中(注意不要与容器

化工分析

壁接触）。

③ 待密度计停止摆动后，从密度计上读取液体的相对密度，读数方法（读弯月面上缘）如图 9-10 所示。平行测定三次，同时测量试样的温度。

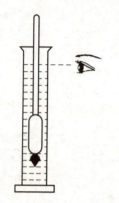

读取密度计刻度时，为什么视线应与液面及密度计刻度在同一水平线上？

图 9-10　读取密度方法

注意事项

1. 所用玻璃圆筒应较密度计高大，装入液体不要太满，但应能将密度计浮起。
2. 密度计不可以突然放入液体内。
3. 测定不透明试样的密度时，可将密度计稍微提起至能看见水银柱上端为止。

数据记录与处理

样　品	测定次数	温度/℃	密度/ kg·m^{-3}	平均密度/kg·m^{-3}	文献值/kg·m^{-3}
丙酮	1				
	2				
	3				

活动三　密度瓶法测定甘油的密度

密度瓶法是测定密度最常用的方法，但不适宜测定易挥发液体试样的密度。

操作指南

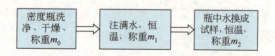

操作步骤

① 洗净密度瓶、干燥并冷却至 20℃。准确称出密度瓶（连同磨口塞）的质量 m_0。

② 将恒温槽水浴温度调节并恒定在（20.0±0.1）℃。

③ 用煮沸 30min 并冷却到 15～18℃的蒸馏水装满密度瓶（注意瓶内不得有气泡），塞上塞子，立即置于（20.0±0.1）℃的恒温水浴中，恒温 15min 以上。

④ 取出密度瓶，用滤纸擦干外壁的水，并用滤纸吸去磨口塞上毛细孔溢出的水，准确、迅速称其质量 m_1。

⑤ 倒出蒸馏水，用少量乙醇将密度瓶内壁洗涤 2 次，再用乙醚润洗 1 次，使之干燥。以试样代替蒸馏水，重复③～④操作，称出密度瓶加试样的质量 m_2。重复测定 3 次，取其平均值。

 称量操作为什么必须迅速？

记录测定数据

序号	密度瓶质量 m_0/g	密度瓶及水的质量 m_1/g	密度瓶及试样的质量 m_2/g	试样的密度 ρ/kg·m^{-3}	平均值 ρ/kg·m^{-3}
1					
2					
3					

活动四　计算待测液体的密度

在规定温度 20℃时，分别测定充满同一密度瓶的水及试样的质量，由水的质量及密度可以确定密度瓶的容积，即试样的体积。根据密度的定义，可计算出试样的密度。

$$\rho = \frac{m(样)}{m(水)} \times \rho_0 \tag{9-2}$$

式中　　ρ——试样在 20℃时的密度，kg·m^{-3}；

　　　　ρ_0——20℃时水的密度，998.23kg·m^{-3}；

　　　　$m(样)$——试样的质量，g；

　　　　$m(水)$——水的质量，g。

按式(9-3) 计算甘油的密度

$$\rho_{样}^{20} = \frac{m_2 - m_0}{m_1 - m_0} \times 998.23 \text{kg·m}^{-3} \tag{9-3}$$

式中，998.23kg·m^{-3} 为 20℃时蒸馏水的密度。

讨论与交流

1. 测定密度时，为什么要同时记录样品的温度？
2. 用密度计测定操作时，为什么要小心将密度计置于量筒的液体中？
3. 用密度瓶法测液体密度时，哪些因素会影响测定结果准确度？

化工分析

 知识窗

BHDM 型电子式液体密度计

BHDM 型电子式液体密度计（如图 9-11 所示）是采用振筒式密度传感器的原理进行液体密度的测试。将待测液体泵入谐振筒传感器后，由单片机进行测量处理，直接读出液体的密度值，灵敏度高，并具有样品量少、重复性好、方便、快速等特点。

对于特定的液体，如酒精等，还可以通过单片机软件的处理，直接读出酒精的体积浓度数据，测试更为简便。

该密度计可广泛用于液体密度的测量，配合不同的专用软件，直接读出酒精度或硫酸浓度或燃料油润滑油等液体的相对密度。

该密度计适用于测量各种化学试剂（氢氟酸除外）、液体食品饮料（含碳酸的要先消除气泡）、石油液体产品及其他各种化工液体产品的密度。不需要熟练的分析人员，不依赖于测量环境，是现场安全测量液体密度及溶液浓度的最佳工具。

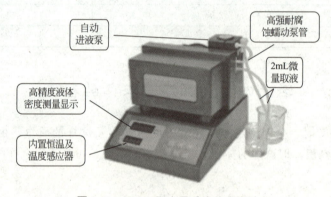

图 9-11　BHDM 型电子式液体密度计

 练一练

一、判断题（对的打"√"，错的打"×"）

1. 通过测定密度可以鉴别不同的化合物，也可以检验化合物的纯度。（　　）
2. 测定极易挥发的油品或有机溶剂的密度时，只能用密度瓶法。（　　）
3. 密度计上的刻度上小、下大。（　　）
4. 液体的密度愈大，密度计在液体中漂浮愈高。（　　）
5. 一个功能完好的密度计仅能处于漂浮状态。（　　）
6. 密度计读数时，视线应与液面及密度计刻度在同一水平线上。（　　）
7. 密度瓶因形状和容积大小不同有各种规格，一般为球形。（　　）
8. 将恒温后的密度瓶取出，用滤纸擦干外壁的水，并用滤纸吸去磨口塞上毛细孔溢出

的水。（　　）

二、选择题

1. 从密度计上，可以直接读出（　　）。
   A. 密度值　　B. 相对密度值　　C. 温度和相对密度值　　D. 温度和密度值
2. 密度瓶法测定密度时，用煮沸 30min 并冷却到（　　）℃的蒸馏水装满密度瓶并塞上塞子。
   A. 10　　B. 15~18　　C. 20　　D. 25

三、填空题

1. 密度是物质的重要物理参数之一。物质的纯度不同，密度_____。
2. 轻表用于测量密度小于_____的液体的密度。
3. 密度计是根据_____原理设计的。
4. 测定密度时，待密度计稳定后，从_____直接读取液体的相对密度。
5. 密度瓶常用的容积有 5mL、_____mL、25mL、_____mL。
6. 用密度瓶法测密度时，将密度瓶置于_____℃的恒温水浴中恒温 15min 以上。

四、问答题

1. 密度计读数时，为什么视线应与液面及密度计刻度在同一水平线上？
2. 为什么密度瓶要在（20.0±0.1）℃的恒温水浴中恒温 15min 以上？

任务三　黏度法测定高聚物的分子量

任务目标

1. 了解高聚物分子量测定的原理；
2. 掌握乌贝路德（Ubbelohde）黏度计的使用方法；
3. 能用乌氏黏度计测定液体黏度；
4. 会用黏度法测定高聚物的平均分子量；
5. 能正确记录测定数据，计算测定结果。

想一想　将等体积的水和甘油同时用两根材料、直径、长度均相同的玻璃管引流至两个试剂瓶中，哪种液体先流完？

高聚物分子量是表征化合物特性的基本参数之一。但高聚物分子量大小不一，参差不齐，一般在 10^3 至 10^7 之间，所以通常所测高聚物的分子量是平均分子量。测定高聚物分子量的方法很多，在高分子工业中，常用黏度法来测定高聚物的平均分子量，此法设备简单，操作方便，有相当好的实验精度。

用已知运动黏度的液体做标准，测量其从毛细管黏度计流出的时间 t_0，再测量试液自同一黏度计流出的时间 t（试样的运动时间在 300s±180s 范围内），利用 $v_0/v = t_0/t$ 即可计算出液体的运动黏度。液体的黏度与温度有关，测量时要记录各试液的温度。

活动一 准备仪器和试剂

仪器准备

乌氏黏度计（如图9-12所示），恒温槽（要求温度波动不大于±0.05℃），洗耳球，移液管（5mL，10mL），秒表（分度为0.2s），容量瓶（100mL、25mL），橡皮管，夹子，胶头滴管，铁架台，3号玻璃砂芯漏斗，天平，烧杯（50mL），锥形瓶（100mL），吸滤瓶（250mL），水抽气泵。

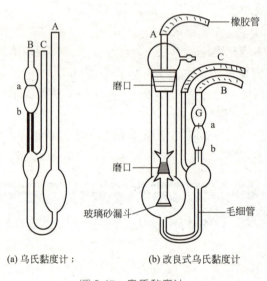

(a) 乌氏黏度计； (b) 改良式乌氏黏度计

图9-12 乌氏黏度计

试剂准备

聚乙烯基吡咯烷酮（PVP）、去离子水。

活动二 测定操作

操作指南

操作步骤

（1）准备工作 在测定之前，用轻质汽油或石油醚洗涤黏度计。如果黏度计有污垢，则用铬酸洗液、自来水、去离子水及乙醇依次洗净，然后使之干燥待用。调节恒温槽温度至（30.0±0.1）℃，待温度恒定后再测量。

（2）配制浓度约为 0.02g·mL^{-1} 聚乙烯吡咯烷酮溶液 准确称取 0.5g 聚乙烯吡咯烷酮

置于 25mL 容量瓶中，加入约 20mL 去离子水，使其溶解（最好提前一天进行），用 30℃ 的去离子水稀释至刻度，混合均匀，用玻璃砂芯漏斗过滤，放入恒温槽内恒温待用。

 配制好的聚乙烯吡咯烷酮溶液为什么要用玻璃砂芯漏斗过滤？

（3）测定溶剂流出时间 t_0。

① 将清洁干燥的黏度计垂直安装于恒温槽内，使水面完全浸没小球。

② 用移液管移取 10mL 已恒温的去离子水，恒温 3min。

③ 封闭黏度计的支管口，用洗耳球经橡皮管由毛细管上口将水抽至最上一个球的中部时，取下洗耳球，放开支管，使其中的水自由流下。

④ 用秒表准确记录流经下球上、下两刻度之间的时间，重复 3 次，误差不得超过 0.2s，取其平均值，即为 t_0 值。

（4）测定溶液流出时间 t

① 取出黏度计，倾去其中的水，连接到水泵上抽气，以溶液代替去离子水，重复（3）操作，测定溶液的流出时间 t。

② 依次加入 1.00mL、2.00 mL、5.00 mL、10.00mL 已恒温的去离子水，用向其中鼓泡的方法使溶液混匀。

③ 重复（3）操作，准确测量每种不同浓度溶液的流出时间 t，每种浓度溶液平行测定不得少于 3 次。

（5）黏度计的洗涤　倒出溶液，用去离子水反复洗涤，直到与开始时 t_0 相同为止。

注意事项

1. 实验过程中黏度计不能震动，温度要保持恒定。
2. 黏度计要垂直浸入恒温槽中。
3. 黏度计必须洁净，每种溶液测定时，都要用溶液抽洗黏度计 3 次。
4. 同种溶液三次测定误差不超过 0.2s。

记录测定数据

实验日期：_____ ；恒温槽恒温温度：_____ ℃

项　目	10.00mL 水	10.00mL 0.02g·mL^{-1} 聚乙烯溶液	聚乙烯溶液 +1.00mL 水	聚乙烯溶液 +2.00mL 水	聚乙烯溶液 +5.00mL 水	聚乙烯溶液 +10.00mL 水
1						
2						
3						
平均流出时间/s						
η_r						
$\ln\eta_r/c$						
η_{sp}						
η_{sp}/c						
分子量						

了解测定原理

在一定的温度下,高聚物溶于溶剂后溶液的黏度比纯溶剂的黏度大,高聚物溶液的浓度愈大,其黏度也愈大,即流动的速度也愈慢。根据测定流体流出一定体积所用的时间来反映溶液黏度的大小,不同液体自同一直立的毛细管中,以完全湿润管壁的状态流下,其运动黏度 v 与流出的时间 t 成正比。通过测定高聚物溶液的特性黏度,根据其特性黏度与平均分子量的经验公式,就可算出高聚物的平均分子量。特性黏度和平均分子量之间的经验关系式为:

$$[\eta] = K \overline{M}^{\alpha} \tag{9-4}$$

式中 $[\eta]$——特性黏度;

$\overline{M}$——平均分子量;

K——比例常数;

α——经验参数,数值介于 0.5 至 1 之间。

活动三 计算测定结果

(1) 由相关关系式 $\eta_r = \eta/\eta_0 = t/t_0$ 和 $\eta_{sp} = \eta_r - 1$ 计算各浓度 c 时的 η_r 和 η_{sp}。

式中 η_0——纯溶剂黏度;

η——溶液黏度;

η_r——相对黏度,溶液黏度对溶剂黏度的相对值;

η_{sp}——增比黏度,$\eta_{sp} = (\eta - \eta_0)/\eta_0 = \eta/\eta_0 - 1 = \eta_r - 1$。

(2) 以 η_{sp}/c 对 c 作图(如图 9-13 所示),并外推到 $c \to 0$ 由截距求出 $[\eta]$。

η_{sp}/c 为比浓黏度,单位浓度下所显示出的黏度。

限稀释条件下

$$\lim_{c \to 0} \frac{\eta_{sp}}{c} = \lim_{c \to 0} \frac{\ln \eta_r}{c} = [\eta]$$

(3) 30℃时聚乙烯吡咯烷酮-水体系

$$K = 3.39 \times 10^{-2} \quad \alpha = 0.59$$

按 $\lg \overline{M} = \dfrac{\lg[\eta] - \lg K}{\alpha}$ 计算出聚乙烯吡咯烷酮的平均分子量。

根据测得的数据,以 η_{sp}/c 和 $\ln \eta_r/c$ 为纵坐标,c 为横坐标作图,得两条直线,分别外推到 $c = 0$ 处,其截距即为 $[\eta]$,代入 $[\eta] = K \overline{M}^{\alpha}$,即可得到 $\overline{M}$。

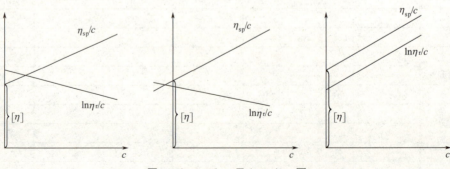

图 9-13 η_{sp}/c-c 及 $\ln \eta_r/c$-c 图

> **讨论与交流**
>
> 1. 测高聚物分子量时，若黏度计毛细管太粗、太细，有何影响？
> 2. 为什么试样和毛细管黏度计均应在恒温浴中准确恒温？

练一练

一、判断题（对的打"√"，错的打"×"）

1. 聚合物溶液的黏度是体系中溶剂分子间、溶质分子间及它们相互间内摩擦效应之和。（　　）
2. 在一定温度下，高聚物溶液的浓度愈大，其黏度也愈大，即流动的速度也愈慢。（　　）
3. 乌氏黏度计的毛细管内径有 0.3～0.4mm、0.4～0.5mm、0.5～0.6mm 三种。（　　）

二、选择题

测定试样的运动黏度时，试样和毛细管黏度计的恒温时间与测定温度有关。当恒定温度为100℃时，恒温时间为（　　）。

　A. 20min　　　　B. 15min　　　　C. 10min　　　　D. 5min

三、填空题

1. 在高分子化合物分子量测定中常使用_____黏度计。
2. 在测定黏度时，应按试样的运动黏度的约值选用适当的黏度计，务必使试样的运动时间在_____范围内。
3. 准确测量每种不同浓度溶液的流出时间，平行测定误差不超过_____s。

任务四　测定油品闪点

任务目标

1. 了解测定闪点的基本原理和意义；
2. 了解开口杯、闭口杯闪点测定器的结构；
3. 会测定油品的开口杯、闭口杯闪点；
4. 能正确记录测定数据、计算测定结果。

> **想一想**　润滑油、柴油、汽油等是我们非常熟悉的石油产品，如何测定其闪点？

在规定的条件下，易燃性石油产品受热后所产生的油蒸气与周围空气形成的混合气体，在遇到明火时发生瞬间着火（闪火现象）时的最低温度，称为该石油产品的闪点。能发生连续 5s 以上燃烧现象的最低温度称为燃点。

闪点是表征易燃、可燃液体火灾危险性的一项重要参数,是预示出现火灾和爆炸危险性程度的指标,是确定易燃性物质使用和储存条件的重要依据。另外,闪点也是燃料类物质质量的一个重要指标。

由于使用石油产品时,有封闭状态和暴露状态的区别,因此测定闪点的方法有闭口杯法(适用于测定闪点在 79℃ 以下的流动液体)和开口杯法(适用于测定闪点在 100～300℃ 的润滑油和深色石油产品)两种。每种油品是测闭口闪点还是测开口闪点要按产品质量指标规定进行。一般而言,蒸发性较大的石油产品多测闭口闪点,对多数润滑油及重质油,由于蒸发性小,则多测开口闪点。

认识开口杯、闭口杯闪点测定仪

1. 开口杯闪点测定仪

开口杯闪点测定仪如图 9-14 所示,主要由以下几部分组成。

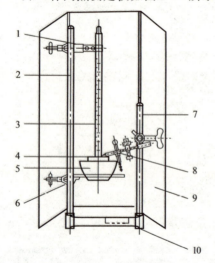

图 9-14　开口杯闪点测定仪
1—温度计夹;2—支柱;3—温度计;
4—内坩埚;5—外坩埚;6—坩埚托;
7—点火器支架;8—点火器;
9—屏风;10—底座

(1) 外坩埚　用优质碳素结构钢制成,上口内径 (100±5)mm,底部内径 (56±2)mm,厚度约为 1mm。

(2) 内坩埚　用优质碳素结构刚制成,上口内径 (64±1)mm,底部内径 (38±1)mm,高 (47±1)mm,厚度约为 1mm,内壁刻有两道环状标线,各与坩埚上口边缘的距离为 12mm 和 18mm。

(3) 点火器喷嘴　直径 0.8～1.0mm,能调节火焰长度,使成 3～4mm 近似球形,并能沿坩埚水平面任意移动。

(4) 温度计　垂直固定在温度计夹上,并使温度计的水银球位于内坩埚的中央,与坩埚底和试样液面的距离大致相等。

(5) 防护罩　用镀锌铁皮制成,高 550～650mm,屏身内壁涂成黑色,并能三面围着测定仪。

(6) 铁支架、铁环、铁夹　铁支架高约 520mm,铁环直径为 70～80mm,铁夹能使温度计垂直地伸插在内坩埚中央。

测定时可用燃气灯、酒精喷灯加热,当闪点高于 200℃ 时,需使用电炉加热。

2. 闭口杯闪点测定仪

闭口杯闪点测定仪如图 9-15 所示,主要由以下几部分组成:

(1) 浴套　为一铸铁容器,其内径为 260mm,底部距离油杯的空隙为 1.6～3.2mm,用电炉或煤气灯直接加热,所用温度计为测定闭口闪点专用水银温度计。

(2) 油杯(如图 9-16 所示)　为黄铜制成的平底筒形容器,内壁刻有用来规定试样液面位置的标线,油杯盖也是由黄铜制成,应与油杯配合密封良好。

(3) 点火器(如图 9-17 所示)　其喷孔直径为 0.8～1.0mm,应能将火焰调整使接近球形(其直径为 3～4mm)。

(4) 防护罩　用镀锌铁皮制成,高度为 550～650mm,屏身内壁涂成黑色。

* 项目九　化工物料的物性测试

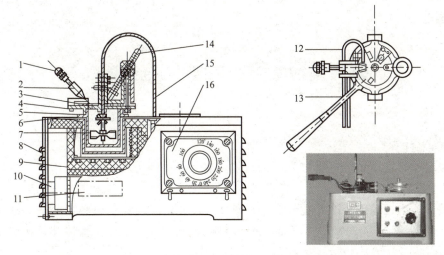

图 9-15　闭口杯闪点测定仪

1—点火器调节螺丝；2—点火器；3—滑板；4—油杯盖；5—油杯；6—浴套；7—搅拌器；
8—壳体；9—电路盘；10—电动机；11—名牌；12—点火管；13—油杯手柄；
14—温度计；15—传动软轴；16—开关箱

图 9-16　油杯

图 9-17　点火器

活动一　准备仪器和试剂

仪器准备

开口杯闪点测定仪，防护屏，气压计，闭口杯闪点测定仪。

试剂准备

硫酸钠，无铅汽油，柴油，润滑油。

活动二　测定润滑油的开口杯闪点

重质油品及多数润滑油，一般在非密闭机件或温度不高的条件下使用，它们含轻质组分较少，在使用过程中又易蒸发扩散，通常采用开口杯闪点仪测定开口杯闪点。

129

化工分析

操作指南

准备工作 → 试样加入油杯 → 装置安装 → 加热试样 → 点火测定 → 读取数据

操作步骤

(1) 准备工作

① 脱水　将试样加热到约70℃，加入新灼烧并冷却的硫酸钠脱水，用干的定量滤纸过滤后，取上层清液进行测定。

② 铺砂　内坩埚用无铅汽油洗涤并干燥后，在外坩埚内铺一层经过煅烧的细砂，厚度约为5～8mm［对于闪点高于300℃的试样，砂层可稍薄些，但必须保持升温速度在到达闪点前40℃时为（4±1）℃·min^{-1}］。

③ 置内坩埚于外坩埚中央，内外坩埚之间填充细砂至距内坩埚边缘约12mm。

内外坩埚底部之间的砂层有什么作用？内外坩埚为什么要用无铅汽油洗涤？

(2) 倾注试样于内坩埚中，至标线。对于闪点在210℃以下的试样，至上标线；对于闪点在210℃以上的试样，至下标线。

(3) 装置安装　置坩埚于铁环中，插入温度计，并使水银球与坩埚底及试样表面的距离相等。点燃点火器，调整火焰为球形（直径为3～4mm），将仪器放置在避风、阴暗处，围好防护罩。

(4) 加热试样　加热外坩埚，使试样在开始加热后能迅速达到每分钟升高（10±2）℃的升温速度。当试样温度达到预计闪点前60℃时，调整加热速度，使试样温度达闪点前40℃时能控制升温速度为每分钟升高（4±1）℃。

(5) 点火试验　当达到预计闪点前10℃左右时，移动点火器与火焰距试样液面10～14mm处，并沿着内坩埚上边缘水平方向从坩埚一边移到另一边，经过时间为2～3s。试样温度每升高2℃，重复点火试验一次。

(6) 读取试样数据　当试样表面上方最初出现蓝色火焰时，立即从温度计上读出温度，作为该试样的闪点，同时记录大气压力。

若要测定燃点，继续加热，保持（4±1）℃·min^{-1}的升温速度，每升高2℃点火试验一次。当能继续燃烧5s时，立即从温度计读出温度，即为试样的燃点。

平行测定3次，取平行测定结果的算术平均值，进行大气压力影响的修正后，作为润滑油的闪点。

注意事项

1. 试样水分大于0.1%时必须脱水。
2. 试样装入量必须符合规定，否则影响测定结果。
3. 应严格控制加热速度。
4. 点火用的火焰大小、高度、停留时间都应按规定执行。

记录测定数据

大气压力：_____ kPa

项目 \ 序号	1	2	3
测得闪点/℃			
大气压力修正值/℃			
修正后闪点/℃			
平均值/℃			
文献值/℃			

活动三　测定柴油的闭口杯法闪点

闭口杯法和开口杯法的区别是仪器不同、加热和引火条件不同。闭口杯法中试油在密闭油杯中加热，只在点火的瞬时才打开杯盖；开口杯法中试油是在敞口杯中加热，蒸发的油气可以自由向空气中扩散，测得的闪点较闭口杯法为高。测定同一样品时，开口杯法的测定结果要高于闭口杯法约 20~30℃。

操作指南

操作步骤

（1）若试样中水分超过 0.05%，必须做脱水处理。方法是在柴油试样中加入新灼烧并冷却的硫酸钠，用干的定量滤纸过滤后，取上层澄清部分测定。

（2）仪器应安装在避风和较暗的地方，并围上防护屏，便于观察闪点，防护屏高 550~650mm，宽度以能三方围着闭口闪点测定器而又方便操作为适宜。

（3）用无铅汽油将油杯洗净，再用空气吹干。

（4）在油杯中注入经脱水处理过的试样，直到环状标记线处。然后盖上清洁干燥的杯盖，插入温度计，并将油杯放入浴套中。

（5）将点火器的灯芯或燃料气引火点燃，并调整火焰接近球形，直径约为 3~4mm。

（6）用气压计测量大气压力。

（7）接通电源，启动搅拌器，开通电炉，调整加热速度，使温度每分钟升高 10~12℃。在升温时不得停止搅拌。

（8）当试样温度升至 40℃时，暂停搅拌。扭动滑杯及点火控制柄，使滑板滑开，将点火器伸入油杯口，点火试验 1 次，如看不到闪燃现象，便立即使滑板重新盖住油杯口，恢复搅拌。以后每升高 2℃，点火 1 次。

（9）在试样液面点火能第一次看到闪燃现象时，立即记录温度计示值，作为闪点的实测结果。继续升温进行点火试验，以验证测定结果有效。

（10）平行测定 3 次，以平行测定结果的算术平均值，进行大气压力影响的修正后，作为柴油样品的闭口闪点。

记录测定数据

大气压力：_____ kPa

序号 项目	1	2	3
测得闪点/℃			
大气压力修正值/℃			
修正后闪点/℃			
平均值/℃			
文献值/℃			

活动四　计算测定结果

测定原理

闪点的测定原理是把试样装入试验杯中到规定的刻线。首先升高试样的温度，然后缓慢升温，当接近闪点时，恒速升温。在规定的温度间隔，以一个小的试验火焰横着通过油杯，用试验火焰使液体表面上的蒸气闪火时的最低温度作为闪点的测定结果。

闪点随大气压的升高而升高，因此在不同大气压力条件下测得的闪点，应换算成在 101.3kPa 大气压力条件下的温度，才可作为正确的测定结果。

根据开口闪点的校正方法，对所测得的闪点进行压力校正。

开口杯闪点的压力校正公式为：

$$t = t_p + (0.001125 t_p + 0.21)(101.3 - p) \tag{9-5}$$

式中　t——标准压力下的闪点，℃；

　　　t_p——试验时大气压力 p 下，实际测定的开口杯闪点，℃；

　　　p——测定闪点时的大气压力，kPa。

闭口杯闪点压力校正公式为：

$$t = t_p + 0.0259(101.3 - p) \tag{9-6}$$

式中　t——试样在 101.3kPa（760mmHg）大气压力时的闭口闪点，℃；

　　　t_p——试验时大气压力 p 下实测的闭口杯闪点，℃；

　　　p——测定闪点时的大气压力，kPa。

讨论与交流

1. 测定闪点有何重要意义？
2. 同一试样分别用开口杯法和闭口杯法测得的闪点为何不一样？
3. 测定闪点时为什么要控制升温速度和点火的频率？

练一练

一、判断题（对的打"√"，错的打"×"）

1. 闪点是在规定的条件下，石油产品的蒸气与空气的混合气接触火焰时，发生闪火（着火）的温度。（   ）
2. 闪点是表征易燃、可燃液体火灾危险性的一项重要参数。（   ）
3. 闪点随大气压的不同而不同，因此测得的闪点，应换算成标准大气压下的温度。（   ）
4. 闪点测定装置应放在避风和明亮的地方，并用防护屏风围好，以便观察闪燃现象。（   ）
5. 将脱水处理过的试样加入油杯，到弯月面底部恰至试样加入量标记线为止。（   ）
6. 开口杯法测定油品的闪点，试样温度每升高2℃重复一次点火试验，火焰的划扫方向与上一次相反。（   ）
7. 脱水处理是在试样中加入新煅烧并冷却的氯化钠、硫酸钠或无水氯化钙进行。（   ）
8. 闭口杯法测定油品的闪点，第一次看到闪燃现象后，继续升温进行点火试验，以验证测定结果是否有效。（   ）

二、选择题

用开口杯法测定油品的闪点，当试样的温度达闪点前40℃时，控制升温速度为每分钟（   ）。

  A．(3±1)℃   B．(4±1)℃   C．(3±2)℃   D．(4±2)℃

三、填空题

1. 测定闪点的方法有_____法和_____法两种。
2. 开口杯法测定油品的闪点时，试样若含水量大于_____时，必须脱水。
3. 油杯必须用_____洗净并吹干后方可装试样。
4. 试样脱水后，取试样的_____部分进行试验。
5. 闭口杯法测定油品的闪点每次点火时，均应_____，然后立即恢复。
6. 闭口杯法测定油品的闪点，试验火焰应调整为接近_____形，直径约为3～4mm。
7. 一般而言，蒸发性较大的石油产品多测_____闪点。

任务五　测定乙醇折射率

任务目标

1. 了解阿贝折射仪的结构及工作原理；
2. 能用阿贝折射仪测定液体物质的折射率；
3. 能正确记录测定数据、计算测定结果。

化工分析

想一想 把一根筷子放入盛满清水的玻璃杯中，看起来筷子像是断了一样，这是什么现象？

光线从一个介质进入另一个介质，当它的传播方向与两个介质的界面不垂直时，则在介面处的传播方向发生改变，这种现象称为光的折射现象（如图 9-18 所示）。

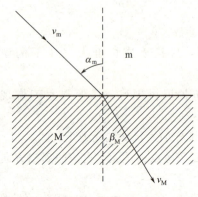

图 9-18 光的折射现象

所谓折射率是指光线在空气中传播的速度与在其他介质中传播速度之比值。即：$n=\dfrac{v_{空}}{v_{介}}=\dfrac{\sin\alpha}{\sin\beta}$，其中 n 为介质的绝对折射率。由于光线在空气中传播的速度最快，因而任何介质的折射率都大于 1。

折射率通常用 n_D^t 表示（右上角的 t 表示测量时的温度，右下角字母 D 代表入射光的波长），其随测量温度及入射光波长的不同而有所变化。例如水的折射率 n_D^{20} 为 1.3330，表示在 20℃ 时，用钠光灯照射下测得的数值（钠光谱中 D 线波长为 589.3nm）。

一般文献中记录的物质的折射率数据是 20℃ 时，以钠光灯为光源（D 线）测定出来的，用 n_D^{20} 表示。

折射率是有机化合物的重要物理常数之一，固体、液体和气体都有折射率。折射率常用于检验原料、溶剂、中间体和最终产物的纯度，作为鉴定未知样品的依据以及定量分析溶液的组成。物质的结构、光的波长、温度、压力等均会影响折射率。

液体的折射率通常用阿贝折射仪来测定，且测量速度快，准确度高（能测出 5 位有效数字）、重现性好，因此已被广泛应用。

活动一 准备仪器和试剂

仪器准备

阿贝折射仪，超级恒温水浴箱（±0.1℃），橡胶管，镜头纸、胶头滴管。

试剂准备

丙酮（A.R.），乙醇（A.R.），重蒸蒸馏水。

活动二 学会使用阿贝折射仪

1. 阿贝折射仪的结构

阿贝（Abbe）折射仪如图 9-19 所示，主要组成部分是两块直角棱镜 5 和 6，上面一块是光滑的，下面的表面是磨砂的，可以开启。左面有一个目镜 1 和刻度盘 11，右面还有一个目镜 2，是测量望远镜，用来观察折光情况的，筒内装消色散镜。光线由反射镜反射入下面的棱镜，以不同入射角射入两个棱镜之间的液层，然后再射到上面棱镜的表面上，由于它的折射率很高,一部分光线再经折射进入空气而到达测量目镜1,另一部分光线则发生全反射。

2. 使用阿贝折射仪

(1) 仪器的安装

① 将折光仪置于靠近窗户的桌子上或普通照明灯前,但勿使仪器置于直照的日光中,以避免液体试样迅速蒸发。

② 用橡皮管将测量棱镜和辅助棱镜上保温夹套的进水口与超级恒温槽串联起来,恒温温度一般选用(20.0±0.1)℃或(25.0±0.1)℃。

(2) 清洗 松开锁钮,打开棱镜,滴1~2滴丙酮在玻璃面上,合上两棱镜,待镜面全部被丙酮湿润后再打开,用擦镜纸轻擦干净。

(3) 标尺零点的校正 可用已知折射率的标准液体(如纯水的 $n_D^{20}=1.3330$),或已知折射率的"玻块"来校正。

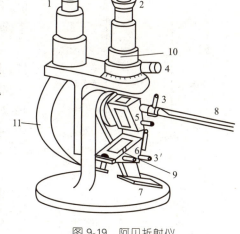

图 9-19 阿贝折射仪

1—读数目镜;2—测量目镜;3,3′—循环恒温水龙头;4—消色散旋柄;5—测量棱镜;6—辅助棱镜;7—平面反射镜;8—温度计;9—加液槽;10—校正螺丝;11—刻度盘罩

① 用 α-溴萘将"玻块"光的一面粘在折射棱镜5上,不要合上棱镜6,打开棱镜背后小窗使光线由此射入。

② 调节反射镜,使入射光进入棱镜组,调节测量目镜,从测量望远镜中观察,使视场最亮、最清晰。旋转棱镜转动手轮,使刻度盘标尺的示值最小。

③ 旋转棱镜转动手轮,使刻度盘标尺上的示值逐渐增大,直至观察到视场中出现彩色光带或黑白临界线为止(如图 9-20 所示)。

 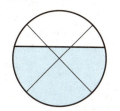 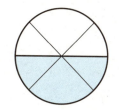

(a) 未调节前目镜中看到的图像　　(b) 未调节正确出现的分界线　　(c) 调节正确分界线经过交叉点

图 9-20 阿贝折射仪镜筒中视野图

④ 旋转消色散棱镜手轮,使视场中呈现一清晰的明暗临界线。若临界线不在叉形准线交点上,则同时旋转棱镜转动手轮,使临界线明暗清晰且位于叉形准线交点上,如图 9-21 (c) 所示。

记下标尺上的读数,如果测得值和此"玻块"的折射率有区别,旋动镜筒上的校正螺丝进行调整。

(4) 测定样品 松开锁钮,开启辅助棱镜,使其磨砂的斜面处于水平位置,用丙酮清洗镜面,待镜面干燥后,滴加1~2滴试样于辅助棱镜的毛镜面上,闭合辅助棱镜,旋紧锁钮。若试样易挥发,则可在两棱镜接近闭合时从加液小槽中加入,然后闭合两棱镜,锁紧锁钮。按(3)的②~④的步骤操作。

 阿贝折射仪在使用前为什么要进行校正?

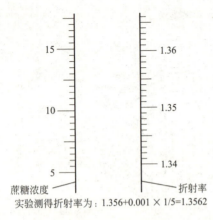

图 9-21 读取折射率

(5) 读数　从读数望远镜中读出标尺上相应的示值,如图 9-21 所示,并记下温度。重复测定三次,三个读数相差不能大于 0.0002,取平均值。

(6) 仪器维护　测定完毕后,按操作(2)用擦镜纸轻轻擦干或用洗耳球吹干镜面。夹上两层擦镜纸后扭紧两棱镜的闭合螺丝,拆卸连接恒温水浴的橡胶管,排尽夹套中的水,将仪器擦拭干净,放入仪器盒中,置于干燥处。

3. 阿贝折射仪的工作原理

阿贝折射仪是根据临界折射现象设计的,如图 9-22 所示。入射角为 90° 时的折射角称为临界角,用 β_0 表示。

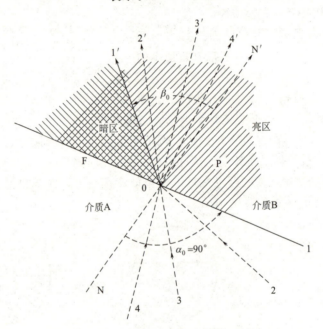

图 9-22 阿贝折射仪的临界折射

为了测定 β_0 值,阿贝折射仪采用了"半暗半明"的方法,就是让单色光由 0°～90° 的所有角度从介质 A 射入介质 B,这时介质 B 中临界角以内的整个区域均有光线通过,因此是明亮的,而临界角以外的全部区域没有光线通过,因此是暗的,明暗两区界线十分清楚。如果在介质 B 的上方用一目镜观察,就可以看见一个界线十分清楚的半明半暗视场,如图 9-20(c) 所示。因各种液体的折射率不同,要调节入射角始终为 90°,在操作时只需旋转棱镜转动手轮即可。从刻度盘上可直接读出折射率。

注意事项

1. 滴加液体时防止滴管口碰到镜面。
2. 只许用擦镜头纸单向轻擦镜面,测试完毕,待干燥后才能合拢棱镜。
3. 不能测量酸性、碱性或有腐蚀性的液体。

活动三　测定操作

操作指南

操作步骤

（1）仪器准备　将折光仪与恒温水浴连接，调节所需要的温度，同时检查保温套的温度计是否精确。然后，打开直角棱镜，清洗上下镜面，晾干后使用。

（2）校正仪器　打开棱镜，滴 1～2 滴蒸馏水于下面镜面上，在保持下面镜面水平情况下关闭棱镜，转动刻度盘罩外手柄（棱镜被转动），使刻度盘上的读数等于蒸馏水的折射率（$n_D^{20}=1.33299$，$n_D^{25}=1.3325$），不同温度下纯水与乙醇的折射率如表 9-1 所示。

表 9-1　不同温度下纯水和乙醇的折射率

温度/℃	18	20	24	28	32
水的折射率	1.33317	1.33299	1.33262	1.33219	1.33164
乙醇的折射率	1.36129	1.36048	1.35885	1.35721	1.35557

（3）试样测定

① 恒温达到所需温度后，将 2～3 滴待测试液均匀地置于磨砂面棱镜上，关闭棱镜，调好反光镜使光线射入。

② 先轻轻转动左面刻度盘，并在右面镜筒内找到明暗分界线。

③ 若出现彩色带，则调节消色散镜，使明暗界线清晰。

④ 再转动左面刻度盘，使分界线对准交叉线中心，记录读数与温度，重复 3 次，取平均值。

⑤ 测量完后立即擦洗上下镜面，晾干后再关闭折光仪。

记录与处理测定数据

序　号	1	2	3	平均值
乙醇折射率 n_D^{20}				

注意事项

1. 测量时应保持恒温水浴温度在 (20.0±0.1)℃ 范围。
2. 若待测试样折射率不在 1.3～1.7 范围内，则阿贝折射仪不能测定。

讨论与交流

1. 用眼睛寻找"半荫视场"时，眼睛靠近三棱镜容易找，还是远一些好找？
2. 每次测定前为什么都要用丙酮清洗镜面？

 知识窗

改进型阿贝折射仪 2WAJ

阿贝折射仪是能测定透明、半透明液体或固体的折射率 n_D 和平均色散 $n_F \sim n_C$ 的仪器（其中以测透明液体为主），如仪器上接恒温器，则可测定温度为 0~70℃ 内的折射率 n_D。折射率和平均色散是物质的重要光学常数之一，能借以了解物质的光学性能、纯度及色散大小等。

该仪器采用目视瞄准，光学度盘读数，操作简单，使用方便。能测出蔗糖溶液的质量分数（锤度 Brix）（0~95%，相当于折射率为 1.333~1.531）。

2WAJ 改进型阿贝折射仪（图 9-23）使用范围甚广，是石油工业、油脂工业、制药工业、制漆工业、日用化学工业、制糖工业和地质勘察等有关工厂、学校及有关科研单位不可缺少的常用设备之一。

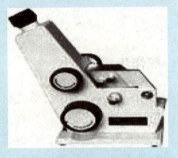

图 9-23 2WAJ 改进型阿贝折射仪

项目小结

测定化工物料熔点
  - 毛细管法测定熔点装置及熔点仪
  - 毛细管法测定苯甲酸熔点
  - 熔点校正
  - 微机熔点仪法测定苯甲酸熔点

测定液态物料密度
  - 密度计和密度瓶
  - 密度计法测定丙酮密度
  - 密度瓶法测定甘油密度

黏度法测定高聚物相对分子质量
  - 乌氏黏度计及黏度测定
  - 测定原理及高聚物相对分子质量计算

测定油品闪点
  - 开口杯、闭口杯闪点测定仪
  - 测定润滑油开口杯闪点
  - 测定柴油闭口杯闪点
  - 测定闪点原理及闪点校正

测定乙醇折射率
  - 阿贝折射仪（结构、工作原理、使用方法）
  - 测定操作

练一练

一、判断题（对的打"√",错的打"×"）

1. 光的折射是由于光在各种不同的介质中传播的速度不同所造成的。（　　）
2. 物质的折射率随测量温度及入射光波长的不同而不同。（　　）
3. 一般文献中记录的物质的折射率数据是20℃时，以钠光灯为光源（D线）测定出来的。（　　）
4. 阿贝折射仪可用钠光灯作为光源。也可直接使用日光。（　　）
5. 要特别注意保护阿贝折射仪的棱镜镜面，滴加液体时防止滴管口碰触镜面。每次擦拭镜面时，只许用擦镜纸轻擦。（　　）

二、选择题

1. 用阿贝折射仪测定物质折射率时，测量的温度是(　　)。
   A. 22.0℃　　B. (20.0±0.1)℃　　C. (21.0±0.1)℃　　D. (19.0±0.1)℃
2. 阿贝折射仪主要组成部分是(　　)。
   A. 直角棱镜　　B. 测量目镜　　C. 读数目镜　　D. 反光镜

三、填空题

1. 折射率 n_D^{20}，右上角的数字代表_____，右下角字母代表_____。
2. 阿贝折射仪主要组成部分是两块可以闭合的_____，上面一块是_____棱镜，下面一块是_____棱镜，两棱镜间可铺展薄层液体。
3. 用阿贝折射仪测定物质折射率记录读数时，应准确至小数点后第_____位。
4. 转动罩外手柄，使明暗两区域的分界线恰在十字线的交点上时，从读数目镜中直接读出_____。
5. 阿贝折射仪的棱镜用燧石玻璃制成，量程是_____，精密度为_____。

四、问答题

1. 测定折射率有哪些实用意义？
2. 阿贝折射仪使用前，安装和清洗的要求是什么？

附 录

附录一　市售酸碱试剂的含量及密度

试　剂	密度/g·mL^{-1}	浓度/mol·L^{-1}	含量/%
乙酸	1.04	6.2~6.4	36.0~37.0
冰醋酸	1.5	17.4	G.R,99.8;A.R,99.5;C.P,99.0
氨水	0.88	12.9~14.8	25~28
盐酸	1.18	11.7~12.4	36~38
氢氟酸	1.14	27.4	40
硝酸	1.4	14.4~15.3	65~68
高氯酸	1.75	11.7~12.5	70.0~72.0
磷酸	1.71	14.6	85.0
硫酸	1.84	17.8~18.4	95~98

注：冰醋酸的结晶点 G.R≥16.0℃，A.R≥15.1℃，C.P≥14.8℃。

附录二　弱酸、弱碱在水中的离解平衡常数 K

名　称	化学式	电离常数 K_i	名　称	化学式	电离常数 K_i
亚砷酸	H_3AsO_3	6.0×10^{-10}	磷酸	H_3PO_4	$K_1=7.6\times10^{-3}$
砷酸	H_3AsO_4	$6.3\times10^{-3}(K_1)$		$H_2PO_4^-$	$K_2=6.3\times10^{-8}$
		$1.0\times10^{-7}(K_2)$		HPO_4^{2-}	$K_3=4.4\times10^{-13}$
		$3.2\times10^{-12}(K_3)$	焦磷酸	$H_4P_2O_7$	$3.0\times10^{-2}(K_1)$
硼酸	H_3BO_3	$5.8\times10^{-10}(K_1)$			$4.4\times10^{-3}(K_2)$
		$1.8\times10^{-13}(K_2)$			$2.5\times10^{-7}(K_3)$
		$1.6\times10^{-14}(K_3)$			$5.6\times10^{-10}(K_4)$
铬酸	$HCrO_4^-$	$3.2\times10^{-7}(K_2)$	亚磷酸	H_3PO_3	$5.0\times10^{-2}(K_1)$
醋酸(乙酸)	CH_3COOH	1.8×10^{-5}			$2.5\times10^{-7}(K_2)$
苯甲酸	C_6H_5COOH	6.46×10^{-5}	亚硫酸	H_2SO_3	$K_1=1.3\times10^{-2}$
苯酚	C_6H_5OH	1.1×10^{-10}		HSO_3^-	$K_2=6.3\times10^{-8}$
草酸	$H_2C_2O_4$	$K_1=5.4\times10^{-2}$	氢氰酸	HCN	6.2×10^{-10}
	$HC_2O_4^-$	$K_2=6.4\times10^{-5}$	硫氰酸	$HSCN$	1.4×10^{-1}
甲酸	$HCOOH$	1.77×10^{-4}	甲胺	CH_3NH_2	4.2×10^{-4}
亚硝酸	HNO_2	5.1×10^{-4}	二甲胺	$(CH_3)_2NH$	1.2×10^{-4}
氢氟酸	HF	7.2×10^{-4}	乙胺	$CH_3CH_2NH_2$	5.6×10^{-4}
碳酸	H_2CO_3	4.2×10^{-7}	氨水	$NH_3\cdot H_2O$	1.8×10^{-5}
	HCO_3^-	5.61×10^{-11}	羟胺	NH_2OH	9.12×10^{-9}
氢硫酸	H_2S	$K_1=8.90\times10^{-8}$	苯胺	$C_6H_5NH_2$	4.27×10^{-10}
	HS^-	$K_2=7.10\times10^{-15}$	二乙胺	$(C_2H_5)_2NH$	1.3×10^{-3}
一氯乙酸	$CH_2ClCOOH$	1.4×10^{-3}	乙醇胺	$HOCH_2CH_2NH_2$	3.2×10^{-5}
二氯乙酸	$CHCl_2COOH$	5.0×10^{-2}	三乙醇胺	$(HOCH_2CH_2)_3N$	5.8×10^{-7}
三氯乙酸	CCl_3COOH	0.23	吡啶	C_5H_5N	1.7×10^{-9}

附录三　常见金属离子与 EDTA 所形成配合物的 lgK稳 （298K）

金属离子	lg$K_稳$	金属离子	lg$K_稳$	金属离子	lg$K_稳$
Na^+	1.66	Ni^{2+}	18.60	Mg^{2+}	8.7
Ag^+	7.32	Al^{3+}	16.10	Mn^{2+}	13.87
Ba^{2+}	7.86	Zn^{2+}	16.50	Co^{3+}	36.0
Ca^{2+}	10.69	Pb^{2+}	18.04	Fe^{3+}	25.10
Fe^{2+}	14.32	Sn^{2+}	22.11	Cr^{3+}	23.4
Co^{2+}	16.31	Cu^{2+}	18.80	Sn^{4+}	34.5

附录四　EDTA 在不同 pH 下的 lg$\alpha_{Y(H)}$

pH	lg$\alpha_{Y(H)}$值	pH	lg$\alpha_{Y(H)}$值	pH	lg$\alpha_{Y(H)}$值
0.0	23.64	3.4	9.70	6.8	3.55
0.4	21.32	3.8	8.85	7.0	3.32
0.8	19.08	4.0	8.44	7.5	2.78
1.0	18.01	4.4	7.64	8.0	2.27
1.4	16.02	4.8	6.84	8.5	1.77
1.8	14.27	5.0	6.45	9.0	1.28
2.0	13.51	5.4	5.69	9.5	0.83
2.4	12.19	5.8	4.98	10.0	0.45
2.8	11.09	6.0	4.65	11.0	0.07
3.0	10.60	6.4	4.06	12.0	0.00

附录五　常用指示剂

（1）酸碱指示剂

指示剂	变色范围(pH)	颜色变化	pK_{HIn}	质量浓度/g·L^{-1}	用量/滴·(10mL 试液)$^{-1}$
百里酚蓝	1.2～2.8	红～黄	1.7	1g·L^{-1}的 20%乙醇溶液	1～2
甲基黄	2.9～4.0	红～黄	3.3	1g·L^{-1}的 90%乙醇溶液	1
甲基橙	3.1～4.4	红～黄	3.4	0.5g·L^{-1}的水溶液	1
溴酚蓝	3.0～4.6	黄～紫	4.1	1g·L^{-1}的 20%乙醇溶液或其钠盐水溶液	1
溴甲酚绿	4.0～5.6	黄～蓝	4.9	1g·L^{-1}的 20%乙醇溶液或其钠盐水溶液	1～3
甲基红	4.4～6.2	红～黄	5.0	1g·L^{-1}的 60%乙醇溶液或其钠盐水溶液	1
溴百里酚蓝	6.2～7.6	黄～蓝	7.3	1g·L^{-1}的 20%乙醇溶液或其钠盐水溶液	1
中性红	6.8～8.0	红～黄橙	7.4	1g·L^{-1}的 60%乙醇溶液	1
苯酚红	6.8～8.4	黄～红	8.0	1g·L^{-1}的 60%乙醇溶液或其钠盐水溶液	1
酚酞	8.0～10.0	无色～红	9.1	5g·L^{-1}的 90%乙醇溶液	1～3
百里酚蓝	8.0～9.6	黄～蓝	8.9	1g·L^{-1}的 20%乙醇溶液	1～4
百里酚酞	9.4～10.6	无～蓝	10.0	1g·L^{-1}的 90%乙醇溶液	1～2

（2）混合指示剂

指示剂溶液的组成	变色时pH值	颜色 酸式色	颜色 碱式色	备注
一份0.1%甲基黄乙醇溶液 一份0.1%次甲基蓝乙醇溶液	3.25	蓝紫	绿	pH＝3.2,蓝紫色； pH＝3.4,绿色
一份0.1%甲基橙水溶液 一份0.25%靛蓝二磺酸水溶液	4.1	紫	黄绿	
一份0.1%溴甲酚绿钠盐水溶液 一份0.2%甲基橙水溶液	4.3	橙	蓝绿	pH＝3.5,黄色； pH＝4.05,绿色； pH＝4.3,浅绿
三份0.1%溴甲酚绿乙醇溶液 一份0.2%甲基红乙醇溶液	5.1	酒红	绿	
一份0.1%溴甲酚绿钠盐水溶液 一份0.1%氯酚红钠盐水溶液	6.1	黄绿	蓝绿	pH＝5.4,蓝绿色； pH＝5.8,蓝色；pH＝6.0,蓝 带紫；pH＝6.2,蓝紫
一份0.1%中性红乙醇溶液 一份0.1%次甲基蓝乙醇溶液	7.0	紫蓝	绿	pH＝7.0,紫蓝
一份0.1%甲酚红钠盐水溶液 三份0.1%百里酚钠盐水溶液	8.3	黄	紫	pH＝8.2,玫瑰红； pH＝8.4,清晰的紫色
一份0.1%百里酚蓝50%乙醇溶液 三份0.1%酚酞50%乙醇溶液	9.0	黄	紫	从黄到绿,再到紫
一份0.1%酚酞乙醇溶液 一份0.1%百里酚酞乙醇溶液	9.9	无色	紫	pH＝9.6,玫瑰红； pH＝10,紫色
两份0.1%百里酚酞乙醇溶液 一份0.1%茜素黄R乙醇溶液	10.2	黄	紫	

（3）氧化还原指示剂

名称	变色点 V	颜色 氧化态	颜色 还原态	配制方法
二苯胺	0.76	紫	无	1g二苯胺在搅拌下溶于100mL浓硫酸
二苯胺磺酸钠	0.85	紫	无	5g·L^{-1}水溶液
邻菲啰啉-Fe(Ⅱ)	1.06	淡蓝	红	0.5g FeSO$_4$·7H$_2$O溶于100mL水中,加2滴硫酸,再加0.5g邻菲咯啉
邻苯氨基苯甲酸	0.89	紫红	无	0.2g邻苯氨基苯甲酸,加热溶解在100mL 0.2% Na$_2$CO$_3$溶液中,必要时过滤
5-硝基邻二氮菲-Fe(Ⅱ)	1.25	淡蓝	紫红	1.608g 5-硝基邻二氮菲加 0.695g FeSO$_4$溶于100mL水中

（4）金属指示剂

指示剂	离解常数	滴定元素	颜色变化	配制方法	对指示剂封闭离子
酸性铬蓝K	pK_{a_1}＝6.7 pK_{a_2}＝10.2 pK_{a_3}＝14.6	Mg(pH 10) Ca(pH 12)	红～蓝	0.1%乙醇溶液	
钙指示剂	pK_{a_2}＝3.8 pK_{a_3}＝9.4 pK_{a_4}＝13～14	Ca(pH 12～13)	酒红～蓝	与NaCl按1∶100的质量比混合	Co^{2+}、Ni^{2+}、Cu^{2+}、Fe^{3+}、Al^{3+}、Ti^{4+}
铬黑T	pK_{a_1}＝3.9 pK_{a_2}＝6.4 pK＝11.5	Ca(pH 10,加入EDTA-Mg) Mg(pH 10) Pb(pH 10,加入酒石酸钾) Zn(pH 6.8～10)	红～蓝 红～蓝 红～蓝 红～蓝	与NaCl按1∶100的质量比混合	Co^{2+}、Ni^{2+}、Cu^{2+}、Fe^{3+}、Al^{3+}、Ti(Ⅳ)

附录

续表

指示剂	离解常数	滴定元素	颜色变化	配制方法	对指示剂封闭离子
紫脲酸胺	$pK_{a_1}=1.6$ $pK_{a_2}=8.7$ $pK_{a_3}=10.3$ $pK_{a_4}=13.5$ $pK_{a_5}=14$	$Ca(pH>10,\varphi=25\%乙醇)$ $Cu(pH\ 7\sim8)$ $Ni(pH\ 8.5\sim11.5)$	红~紫 黄~紫 黄~紫红	与 NaCl 按 1:100 的 质量比混合	
PAN	$pK_{a_1}=1.9$ $pK_{a_2}=12.2$	$Cu(pH\ 6)$ $Zn(pH\ 5\sim7)$	红~黄 粉红~黄	$1g\cdot L^{-1}$ 乙醇溶液	
磺基水杨酸	$pK_{a_1}=2.6$ $pK_{a_2}=11.7$	Fe(Ⅲ) $(pH\ 1.5\sim3)$	红紫~黄	$10\sim20g\cdot L^{-1}$ 水溶液	

附录六　pH 标准缓冲溶液在不同温度下的 pH

试剂	浓度 $c/mol\cdot L^{-1}$	pH					
		10℃	15℃	20℃	25℃	30℃	35℃
四草酸钾	0.05	1.67	1.67	1.68	1.68	1.68	1.69
酒石酸氢钾	饱和	—	—	—	3.56	3.55	3.55
邻苯二甲酸氢钾	0.05	4.00	4.00	4.00	4.00	4.01	4.02
磷酸氢二钠	0.025	6.92	6.90	6.88	6.86	6.86	6.84
磷酸二氢钾	0.025						
四硼酸钠	0.01	9.33	9.28	9.23	9.18	9.14	9.11
氢氧化钙	饱和	13.01	12.82	12.64	12.46	12.29	12.13

注：表中数据引自国家标准 GB 11076—89。

附录七　常用缓冲溶液的配制

缓冲溶液组成	pK_a	缓冲液 pH	缓冲溶液配制方法
氨基乙酸-HCl	$2.35(pK_{a_1})$	2.3	取氨基乙酸 150g 溶于 500mL 水中，加浓 HCl 80mL，再用水稀至 1L
H_3PO_4-柠檬酸盐		2.5	取 $Na_2HPO_4\cdot 12H_2O$ 113g 溶于 200mL 水中，加柠檬酸 387g，溶解，过滤后，稀至 1L
一氯乙酸-NaOH	2.86	2.8	取 200g 氯乙酸溶于 200g 水中，加 NaOH 40g，溶解后，稀至 1L
邻苯二甲酸氢钾-HCl	$2.95(pK_{a_1})$	2.9	取 500g 邻苯二甲酸氢钾溶于 500mL 水中，加浓 HCl 180mL，稀至 1L
甲酸-NaOH	3.76	3.7	取 95g 甲酸和 NaOH 40g 于 500mL 水中，溶解，稀至 1L
NH_4Ac-HAc		4.5	取 NH_4Ac 77g 溶于 200mL 水中，加冰醋酸 59mL，稀至 1L
NaAc-HAc	4.74	4.7	取无水 NaAc 83g 溶于水中，加冰醋酸 60mL，稀至 1L
NH_4Ac-HAc		5.0	取 NH_4Ac 250g 溶于水中，加冰醋酸 25mL，稀至 1L
六亚甲基四胺-HCl	5.15	5.4	取六亚甲基四胺 40g 溶于 200mL 水中，加浓 HCl 10mL，稀至 1L
NH_4Ac-HAc		6.0	取 NH_4Ac 600g 溶于水中，加冰醋酸 20mL，稀至 1L
NaAc-Na_2HPO_4		8.0	取无水 NaAc 50g 和 $Na_2HPO_4\cdot 12H_2O$ 50g 溶于水中，稀至 1L
Tris-HCl[三羟甲基氨甲烷 $CNH_2\equiv(HOCH_2)_3$]	8.21	8.2	取 25g Tris 试剂溶于水中，加浓 HCl 8mL，稀至 1L
NH_3-NH_4Cl	9.26	9.2	取 NH_4Cl 54g 溶于水中，加浓氨水 63mL，稀至 1L
NH_3-NH_4Cl	9.26	9.5	取 NH_4Cl 54g 溶于水中，加浓氨水 126mL，稀至 1L
NH_3-NH_4Cl	9.29	10.0	取 NH_4Cl 54g 溶于水中，加浓氨水 350mL，稀至 1L

注：1. 缓冲溶液配制后可用 pH 试纸检查。如 pH 不对，可用共轭酸或碱调节。pH 欲调节精确时，可用 pH 计调节。
2. 若需增加或减少缓冲液的缓冲容量时，可相应增加或减少共轭酸碱对的物质的量，然后按上述调节。

附录八 一些氧化还原电对的标准电位 $\varphi^{\ominus}$（298K）

电极反应	$\varphi^{\ominus}/V$	电极反应	$\varphi^{\ominus}/V$
$Li^+ + e^- \rightleftharpoons Li$	-3.045	$O_2 + 2H_2O + 4e^- \rightleftharpoons 4OH^-$	0.401
$K^+ + e^- \rightleftharpoons K$	-2.925	$Cu^+ + e^- \rightleftharpoons Cu$	0.52
$Ba^{2+} + 2e^- \rightleftharpoons Ba$	-2.91	$I_2 + 2e^- \rightleftharpoons 2I^-$	0.535
$Ca^{2+} + 2e^- \rightleftharpoons Ca$	-2.87	$Fe^{3+} + e^- \rightleftharpoons Fe^{2+}$	0.771
$Na^+ + e^- \rightleftharpoons Na$	-2.714	$Ag^+ + e^- \rightleftharpoons Ag$	0.799
$Mg^{2+} + 2e^- \rightleftharpoons Mg$	-2.37	$Hg^{2+} + 2e^- \rightleftharpoons Hg$	0.854
$Al^{3+} + 3e^- \rightleftharpoons Al$	-1.66	$Br_2 + 2e^- \rightleftharpoons 2Br^-$	1.065
$Mn^{2+} + 2e^- \rightleftharpoons Mn$	-1.17	$O_2 + 4H^+ + 4e^- \rightleftharpoons 2H_2O$	1.229
$Zn^{2+} + 2e^- \rightleftharpoons Zn$	-0.763	$MnO_2 + 4H^+ + 2e^- \rightleftharpoons Mn^{2+} + 2H_2O$	1.23
$Cr^{3+} + 3e^- \rightleftharpoons Cr$	-0.74	$Cr_2O_7^{2-} + 14H^+ + 6e^- \rightleftharpoons 2Cr^{3+} + 7H_2O$	1.33
$Fe^{2+} + 2e^- \rightleftharpoons Fe$	-0.44	$Cl_2 + 2e^- \rightleftharpoons 2Cl^-$	1.36
$Cd^{2+} + 2e^- \rightleftharpoons Cd$	-0.403	$PbO_2 + 4H^+ + 2e^- \rightleftharpoons Pb^{2+} + 2H_2O$	1.455
$PbSO_4 + 2e^- \rightleftharpoons Pb + SO_4^{2-}$	-0.356	$MnO_4^- + 8H^+ + 5e^- \rightleftharpoons Mn^{2+} + 4H_2O$	1.51
$Co^{2+} + 2e^- \rightleftharpoons Co$	-0.29	$Ce^{4+} + e^- \rightleftharpoons Ce^{3+}$	1.61
$Ni^{2+} + 2e^- \rightleftharpoons Ni$	-0.25	$MnO_4^- + 4H^+ + 3e^- \rightleftharpoons MnO_2 + 2H_2O$	1.68
$Sn^{2+} + 2e^- \rightleftharpoons Sn$	-0.136	$PbO_2 + SO_4^{2-} + 4H^+ + 2e^- \rightleftharpoons PbSO_4 + 2H_2O$	1.69
$Pb^{2+} + 2e^- \rightleftharpoons Pb$	-0.126	$H_2O_2 + 2H^+ + 2e^- \rightleftharpoons 2H_2O$	1.77
$Fe^{3+} + 3e^- \rightleftharpoons Fe$	-0.037	$Co^{3+} + e^- \rightleftharpoons Co^{2+}$	1.80
$2H^+ + 2e^- \rightleftharpoons H_2$	0.000	$O_3 + 2H^+ + 2e^- \rightleftharpoons O_2 + H_2O$	2.07
$S_4O_6^{2-} + 2e^- \rightleftharpoons 2S_2O_3^{2-}$	0.09		
$S + 2H^+ + 2e^- \rightleftharpoons H_2S$	0.14		
$Sn^{4+} + 2e^- \rightleftharpoons Sn^{2+}$	0.154		
$Cu^{2+} + e^- \rightleftharpoons Cu^+$	0.17		
$Cu^{2+} + 2e^- \rightleftharpoons Cu$	0.34		

附录九 不同标准溶液浓度的温度补正值（以 $mL \cdot L^{-1}$ 计）

温度/℃	水和 $0.05 mol \cdot L^{-1}$ 以下的各种水溶液	$0.1 mol \cdot L^{-1}$ 和 $0.2 mol \cdot L^{-1}$ 各种水溶液	$c(HCl) = 0.5 mol \cdot L^{-1}$	$c(HCl) = 1 mol \cdot L^{-1}$	$c(\frac{1}{2}H_2SO_4) = 0.5 mol \cdot L^{-1}$, $c(NaOH) = 0.5 mol \cdot L^{-1}$	$c(\frac{1}{2}H_2SO_4) = 1 mol \cdot L^{-1}$, $c(NaOH) = 1 mol \cdot L^{-1}$
5	+1.38	+1.7	+1.9	+2.3	+2.4	+3.6
6	+1.38	+1.7	+1.9	+2.2	+2.3	+3.4
7	+1.36	+1.6	+1.8	+2.2	+2.2	+3.2
8	+1.33	+1.6	+1.8	+2.1	+2.2	+3.0
9	+1.29	+1.5	+1.7	+2.0	+2.1	+2.7
10	+1.23	+1.5	+1.6	+1.9	+2.0	+2.5
11	+1.17	+1.4	+1.5	+1.8	+1.8	+2.3
12	+1.10	+1.3	+1.4	+1.6	+1.7	+2.0
13	+0.99	+1.1	+1.2	+1.4	+1.5	+1.8
14	+0.88	+1.0	+1.1	+1.2	+1.3	+1.6
15	+0.77	+0.9	+0.9	+1.0	+1.1	+1.3

续表

温度/℃	水和 0.05mol·L⁻¹ 以下的各种水溶液	0.1mol·L⁻¹ 和 0.2mol·L⁻¹ 各种水溶液	$c(HCl)=$ $0.5mol·L^{-1}$	$c(HCl)=$ $1mol·L^{-1}$	$c(\frac{1}{2}H_2SO_4)=$ $0.5mol·L^{-1}$, $c(NaOH)=$ $0.5mol·L^{-1}$	$c(\frac{1}{2}H_2SO_4)=$ $1mol·L^{-1}$, $c(NaOH)=$ $1mol·L^{-1}$
16	+0.64	+0.7	+0.8	+0.8	+0.9	+1.1
17	+0.50	+0.6	+0.6	+0.6	+0.7	+0.8
18	+0.34	+0.4	+0.4	+0.4	+0.5	+0.6
19	+0.18	+0.2	+0.2	+0.2	+0.2	+0.3
20	0.00	0.0	0.0	0.0	0.0	0.0
21	−0.18	−0.2	−0.2	−0.2	−0.2	−0.3
22	−0.38	−0.4	−0.4	−0.5	−0.5	−0.6
23	−0.58	−0.6	−0.7	−0.7	−0.8	−0.9
24	−0.80	−0.9	−0.9	−1.0	−1.0	−1.2
25	−1.03	−1.1	−1.1	−1.2	−1.3	−1.5
26	−1.26	−1.4	−1.4	−1.4	−1.5	−1.8
27	−1.51	−1.7	−1.7	−1.7	−1.8	−2.1
28	−1.76	−2.0	−2.0	−2.0	−2.1	−2.4
29	−2.01	−2.3	−2.3	−2.3	−2.4	−2.8
30	−2.30	−2.5	−2.5	−2.6	−2.8	−3.2
31	−2.58	−2.7	−2.7	−2.9	−3.1	−3.2
32	−2.86	−3.0	−3.0	−3.2	−3.4	−3.9
33	−3.04	−3.2	−3.3	−3.5	−3.7	−4.2
34	−3.47	−3.7	−3.6	−3.8	−4.1	−4.6
35	−3.78	−4.0	−4.0	−4.1	−4.4	−5.0
36	−4.10	−4.3	−4.3	−4.4	−4.7	−5.3

注：1. 本表数值是以 20℃ 为标准温度以实测法测出。
2. 表中带有"+"、"−"的数值是以 20℃ 为分界，室温低于 20℃ 的补正值为"+"。高于 20℃ 的补正值为"−"。
3. 本表的用法：如 1L 硫酸溶液 $[c(1/2H_2SO_4)=1mol·L^{-1}]$ 由 25℃ 换算为 20℃ 时，其体积补正值为 −1.5mL，故 40.00mL 换算为 20℃ 时的体积为 $V_{20}=(40-40\times1.5/100)=39.94mL$。

附录十　常用化合物的相对分子质量

化合物	相对分子质量	化合物	相对分子质量
Ag_3AsO_4	462.52	Al_2O_3	101.96
AgBr	187.77	$Al(OH)_3$	78.00
AgCl	143.32	$Al_2(SO_4)_3$	342.14
AgCN	133.89	$Al_2(SO_4)_3·18H_2O$	666.41
AgSCN	165.95	As_2O_3	197.84
$AgCr_2O_4$	331.73	As_2O_5	229.84
AgI	234.77	As_2S_3	246.02
$AgNO_3$	169.87	$BaCO_3$	197.34
$AlCl_3$	133.34	BaC_2O_4	225.35
$AlCl_3·6H_2O$	241.43	$BaCl_2$	208.24
$Al(NO_3)_3$	213.00	$BaCl_2·2H_2O$	244.27
$Al(NO_3)_3·9H_2O$	375.13	$BaCrO_4$	253.32
BaO	153.33	$Fe(NO_3)_3$	241.86
$Ba(OH)_2$	171.34	$Fe(NO_3)_3·9H_2O$	404.00

化工分析

续表

化　合　物	相对分子质量	化　合　物	相对分子质量
$BaSO_4$	233.39	FeO	71.85
$BiCl_3$	315.34	Fe_2O_3	159.69
$BiOCl$	260.43	Fe_3O_4	231.54
CO_2	44.01	$Fe(OH)_3$	106.87
CaO	56.08	FeS	87.91
$CaCO_3$	100.09	Fe_2S_3	207.87
CaC_2O_4	128.12	$FeSO_4$	151.91
$CaCl_2$	110.99	$FeSO_4 \cdot 7H_2O$	278.01
$CaCl_2 \cdot 6H_2O$	219.08	$FeSO_4 \cdot (NH_4)_2SO_4 \cdot 6H_2O$	392.13
$Ca(NO_3)_2 \cdot 4H_2O$	236.15	H_3AsO_3	125.94
$Ca(OH)_2$	74.10	H_3AsO_4	141.94
$Ca_3(PO_4)_2$	310.18	H_3BO_3	61.83
$CaSO_4$	136.14	HBr	80.91
$CdCO_3$	172.42	HCN	27.03
$CdCl_2$	183.32	$HCOOH$	46.03
CdS	144.47	CH_3COOH	60.05
$Ce(SO_4)_2$	332.24	H_2CO_3	62.03
$Ce(SO_4)_2 \cdot 4H_2O$	404.30	$H_2C_2O_4$	90.04
$CoCl_2$	129.84	$H_2C_2O_4 \cdot 2H_2O$	126.07
$CoCl_2 \cdot 6H_2O$	237.93	HCl	36.46
$Co(NO_3)_2$	182.94	HF	20.01
$Co(NO_3)_2 \cdot 6H_2O$	291.03	HI	127.91
CoS	90.99	HIO_3	175.91
$CoSO_4$	154.99	HNO_3	63.01
$CoSO_4 \cdot 7H_2O$	281.10	HNO_2	47.01
$CO(NH_2)_2$	60.06	H_2O	18.015
$CrCl_3$	158.36	H_2O_2	34.02
$CrCl_3 \cdot 6H_2O$	266.45	H_3PO_4	98.00
$Cr(NO_3)_3$	238.01	H_2S	34.08
Cr_2O_3	151.99	H_2SO_3	82.07
$CuCl$	99.00	H_2SO_4	98.07
$CuCl_2$	134.45	$Hg(CN)_2$	252.63
$CuCl_2 \cdot 2H_2O$	170.48	$HgCl_2$	271.50
$CuCNS$	121.62	Hg_2Cl_2	472.09
CuI	190.45	HgI_2	454.40
$Cu(NO_3)_2$	187.56	$Hg_2(NO_3)_2$	525.19
$Cu(NO_3)_2 \cdot 3H_2O$	241.60	$Hg_2(NO_3)_2 \cdot 2H_2O$	561.22
CuO	79.55	$Hg(NO_3)_2$	324.60
Cu_2O	143.09	HgO	216.59
CuS	95.61	HgS	232.65
$CuSO_4$	159.60	$HgSO_4$	296.65
$CuSO_4 \cdot 5H_2O$	249.68	Hg_2SO_4	497.24
$FeCl_2$	126.75	$KAl(SO_4)_2 \cdot 12H_2O$	474.38
$FeCl_2 \cdot 4H_2O$	198.81	KBr	119.00
$FeCl_3$	162.21	$KBrO_3$	167.00
$FeCl_3 \cdot 6H_2O$	270.30	KCl	74.55
$FeNH_4(SO_4)_2 \cdot 12H_2O$	482.18	$KClO_3$	122.55
$KClO_4$	138.55	NH_4CNS	76.12
KCN	65.12	NH_4HCO_3	79.06
$KCNS$	97.18	$(NH_4)_2MoO_4$	196.01

续表

化 合 物	相对分子质量	化 合 物	相对分子质量
K_2CO_3	138.21	NH_4NO_3	80.04
K_2CrO_4	194.19	$(NH_4)_2HPO_4$	132.06
$K_2Cr_2O_7$	294.18	$(NH_4)_2S$	68.14
$K_3[Fe(CN)_6]$	329.25	$(NH_4)_2SO_4$	132.13
$K_4[Fe(CN)_6]$	368.35	NH_4VO_3	116.98
$KFe(SO_4)_2 \cdot 12H_2O$	503.24	Na_3AsO_3	191.89
$KHC_2O_4 \cdot H_2O$	146.14	$Na_2B_4O_7$	201.22
$KHC_2O_4 \cdot H_2C_2O_4 \cdot 2H_2O$	254.19	$Na_2B_4O_7 \cdot 10H_2O$	381.37
$KHC_4H_4O_6$	188.18	$NaBiO_3$	279.97
$KHSO_4$	136.16	$NaCN$	49.01
KI	166.00	$NaCNS$	81.07
KIO_3	214.00	Na_2CO_3	105.99
$KIO_3 \cdot HIO_3$	389.91	$Na_2CO_3 \cdot 10H_2O$	286.14
$KMnO_4$	158.03	$Na_2C_2O_4$	134.00
$KNaC_4H_4O_6 \cdot 4H_2O$	282.22	CH_3COONa	82.03
KNO_3	101.10	$CH_3COONa \cdot 3H_2O$	136.08
KNO_2	85.10	$NaCl$	58.44
K_2O	94.20	$NaClO$	74.44
KOH	56.11	$NaHCO_3$	84.01
K_2SO_4	174.25	$Na_2HPO_4 \cdot 12H_2O$	358.14
$MgCO_3$	84.31	$Na_2H_2Y \cdot 2H_2O$	372.24
$MgCl_2$	95.21	$NaNO_2$	69.00
$MgCl_2 \cdot 6H_2O$	203.30	$NaNO_3$	85.00
MgC_2O_4	112.33	Na_2O	61.98
$Mg(NO_3)_2 \cdot 6H_2O$	256.41	Na_2O_2	77.98
$MgNH_4PO_4$	137.32	$NaOH$	40.00
MgO	40.30	Na_3PO_4	163.94
$Mg(OH)_2$	58.32	Na_2S	78.04
$Mg_2P_2O_7$	222.55	$Na_2S \cdot 9H_2O$	240.18
$MgSO_4 \cdot 7H_2O$	246.67	Na_2SO_3	126.04
$MnCO_3$	114.95	Na_2SO_4	142.04
$MnCl_2 \cdot 4H_2O$	197.91	$Na_2S_2O_3$	158.10
$Mn(NO_3)_2 \cdot 6H_2O$	287.04	$Na_2S_2O_3 \cdot 5H_2O$	248.17
MnO	70.94	$NiCl_2 \cdot 6H_2O$	237.70
MnO_2	86.94	NiO	74.70
MnS	87.00	$Ni(NO_3)_2 \cdot 6H_2O$	290.80
$MnSO_4$	151.00	NiS	90.76
$MnSO_4 \cdot 4H_2O$	223.06	$NiSO_4 \cdot 7H_2O$	280.86
NO	30.01	$NiC_8H_{14}N_4O_4$	288.92
NO_2	46.01	P_2O_5	141.95
NH_3	17.03	$PbCO_3$	267.21
CH_3COONH_4	77.08	PbC_2O_4	295.22
NH_4Cl	53.49	$PbCl_2$	278.11
$(NH_4)_2CO_3$	96.06	$PbCrO_4$	323.19
$(NH_4)_2C_2O_4$	124.10	$Pb(CH_3COO)_2$	325.29
$(NH_4)_2C_2O_4 \cdot H_2O$	142.11	$Pb(CH_3COO)_2 \cdot 3H_2O$	379.34
PbI_2	461.01	SnS_2	150.75
$Pb(NO_3)_2$	331.21	$SrCO_3$	147.63
PbO	223.20	SrC_2O_4	175.61
PbO_2	239.20	$SrCrO_4$	203.61

续表

化合物	相对分子质量	化合物	相对分子质量
$Pb_3(PO_4)_2$	811.54	$Sr(NO_3)_2$	211.63
PbS	239.26	$Sr(NO_3)_2 \cdot 4H_2O$	283.69
$PbSO_4$	303.26	$SrSO_4$	183.68
SO_3	80.06	$UO_2(CH_3COO)_2 \cdot 2H_2O$	424.15
SO_2	64.06	$ZnCO_3$	125.39
$SbCl_3$	228.11	ZnC_2O_4	153.40
$SbCl_5$	299.02	$ZnCl_2$	136.29
Sb_2O_3	291.50	$Zn(CH_3COO)_2$	183.47
Sb_2S_3	339.68	$Zn(CH_3COO)_2 \cdot 2H_2O$	219.50
SiF_4	104.08	$Zn(NO_3)_2$	189.39
SiO_2	60.08	$Zn(NO_3)_2 \cdot 6H_2O$	297.48
$SnCl_2$	189.60	ZnO	81.38
$SnCl_2 \cdot 2H_2O$	225.63	ZnS	97.44
$SnCl_4$	260.50	$ZnSO_4$	161.44
$SnCl_4 \cdot 5H_2O$	350.58	$ZnSO_4 \cdot 7H_2O$	287.55
SnO_2	150.69		

附录十一 元素的相对原子质量

按照元素符号的字母次序排列

元素符号	名称	相对原子质量	元素符号	名称	相对原子质量	元素符号	名称	相对原子质量
Ac	锕	227.0	Dy	镝	162.5	Md	钔	[258]
Ag	银	107.9	Er	铒	167.3	Mg	镁	24.31
Al	铝	26.98	Es	锿	[252]	Mn	锰	54.94
Am	镅	[243]	Eu	铕	152.0	Mo	钼	95.94
Ar	氩	39.95	F	氟	19.00	N	氮	14.01
As	砷	74.92	Fe	铁	55.85	Na	钠	22.99
At	砹	[210]	Fm	镄	[257]	Nb	铌	92.90
Au	金	197.0	Fr	钫	[223]	Nd	钕	144.2
B	硼	10.81	Ga	镓	69.72	Ne	氖	20.18
Ba	钡	137.3	Gd	钆	157.3	Ni	镍	58.69
Be	铍	9.012	Ge	锗	72.61	No	锘	[259]
Bi	铋	209.0	H	氢	1.008	Np	镎	237.0
Bk	锫	[247]	He	氦	4.003	O	氧	16.00
Br	溴	79.90	Hf	铪	178.5	Os	锇	190.2
C	碳	12.01	Hg	汞	200.6	P	磷	30.97
Ca	钙	40.08	Ho	钬	164.6	Pa	镤	231.0
Cd	镉	112.4	I	碘	126.9	Pb	铅	207.2
Ce	铈	140.1	In	铟	114.8	Pd	钯	106.4
Cf	锎	[251]	Ir	铱	192.2	Pm	钷	[145]
Cl	氯	35.45	K	钾	39.10	Po	钋	[209]
Cm	锔	[247]	Kr	氪	83.80	Pr	镨	140.9
Co	钴	58.93	La	镧	138.9	Pt	铂	195.1
Cr	铬	52.00	Li	锂	6.941	Pu	钚	[244]
Cs	铯	132.9	Lu	镥	175.0	Ra	镭	226.0
Cu	铜	63.55	Lr	铹	[260]	Rb	铷	85.47

附录

续表

元素		相对原子质量	元素		相对原子质量	元素		相对原子质量
符号	名称		符号	名称		符号	名称	
Re	铼	186.2	Sn	锡	118.7	U	铀	238.0
Rh	铑	102.9	Sr	锶	87.62	V	钒	50.94
Rn	氡	[222]	Ta	钽	180.9	W	钨	183.8
Ru	钌	101.1	Tb	铽	158.9	Xe	氙	131.3
S	硫	23.7	Tc	锝	[99]	Y	钇	88.91
Sb	锑	121.8	Te	碲	127.6	Yb	镱	173.0
Sc	钪	44.96	Th	钍	232.0	Zn	锌	65.39
Se	硒	78.96	Ti	钛	47.87	Zr	锆	91.22
Si	硅	28.06	Tl	铊	204.4			
Sm	钐	150.4	Tm	铥	168.9			

注：1. 本表根据国际相对原子质量表取 4 位有效数字而成，以 $^{12}C=12$ 为基准。
2. 相对原子质量加括号的为放射性元素的半衰期最长的同位素的质量数。

参考文献

[1]　顾明华主编. 无机物定量分析基础. 北京：化学工业出版社，2002.
[2]　温铁坚编. 化学分析. 北京：中国石化出版社，1995.
[3]　黄一石，乔子荣编. 定量化学分析. 北京：化学工业出版社，2004.
[4]　胡伟光，张文英主编. 定量化学分析实验. 北京：化学工业出版社，2004.
[5]　温铁坚编. 仪器分析. 北京：中国石化出版社，1995.
[6]　黄一石主编. 仪器分析. 北京：化学工业出版社，2002.
[7]　王光明，范跃主编. 化工产品质量检测. 北京：中国计量出版社，2006.
[8]　中国石油化工集团公司人事部编. 化工分析工. 北京：中国石化出版社，2007.
[9]　杨新星主编. 工业分析技术. 北京：化学工业出版社，2000.
[10]　张小康，张正兢主编. 工业分析. 北京：化学工业出版社，2004.
[11]　胡斌主编. 化工分析. 北京：化学工业出版社，2008.
[12]　刘珍主编. 化验员读本. 北京：化学工业出版社，2004.
[13]　张小康主编. 化学分析基本操作. 北京：化学工业出版社，2000.
[14]　初玉霞主编. 化学实验技术基础. 北京：化学工业出版社，2002.
[15]　张克荣主编. 化学. 北京：高等教育出版社，2001.
[16]　田海洲主编. 化工分析. 北京：高等教育出版社，2009.
[17]　石贞芹主编. 化学实验技术. 北京：高等教育出版社，2009.